# ◇刊行のことば◇

二一世紀の世界農業は、我々農業ジャーナリストに、ますます重大な使命を担わせている。それは国の内外にわたる農業や食料に関する正しい情報が、今日ほど痛切に求められているときはないからである。

農政ジャーナリストの会は、一九五六年に創立されて以来、一貫して農業に関する正確な事実認識と公正な情報伝達のために、新聞、放送、雑誌など各分野に働く農業ジャーナリストの力を結集することに努めてきた。本会の機関誌『日本農業の動き』は、このような我々の努力の一端を、日本農業の現在並びに将来について関心をもつ、すべての人々に知っていただくために刊行されているものである。

我々は、本誌が会内外の強い支援に支えられて発展し、我が国農業の進歩に少しでも役立てば幸いであると思っている。

農政ジャーナリストの会

■ 日本農業の動き ■　No.225

# 気候変動と農業の危機

農政ジャーナリストの会

目次

農業気象台……6

〈特集〉気候変動と農業の危機

【巻頭論文】

気候変動が促す農業の技術革新……会員 金子弘道……8

【報告】

深刻化する異常気象と迫られる農業の革新
……株式会社農林中金総合研究所 客員研究員・気象予報士 田家康……20

質疑……38

異常気象下の農業生産現場 ――ゼロからの出発
……有限会社木之内農園 代表取締役会長・東海大学 熊本キャンパス長 木之内均……46

質疑……64

新潟県におけるコメの高温対策と流通の課題とは……新潟大学農学部教授 山崎将紀
新潟大学農学部助教 伊藤亮司……74
質疑……87
「令和5年地球温暖化影響調査レポート」について……農林水産省農産局農産政策部農業環境対策課 天野裕勉……98

〈特別報告〉
気候変動・海洋生態系の変化と水産資源への著しい影響……一般社団法人生態系総合研究所 代表理事 小松正之……104
質疑……125

〈国際部報告〉
「山と生きる農業を支える～スイス農業共同取材報告」
スイスの耕畜連携と動物福祉……農林中金総合研究所 理事研究員 阮蔚……130
中山間地域の酪農と農機の視察……農林中金総合研究所 理事研究員 平澤明彦……134
編集後記……138

## 農業気象台

▼…異常気象が農業にもたらす影響と聞くと、まず思いつくものは高温障害だ。特に、米や果物に顕著に表れている。【本研究会報告】の講師の一人でもある東海大学熊本キャンパス長、木之内均教授は、「影響は高温障害だけに限らない」と力を込める。地球温暖化により害虫の生息域が拡大していることや、これまでなかった家畜伝染病も発生していること、従来の栽培暦が参考にできなくなったことを挙げながら、「もはや、農家が有する技術でカバーできる範囲を超えている」と深刻さを訴えた。

これほど多岐にわたる影響が農畜産物や水産物に及んでいることを、消費者の多くは知るよしもない。なぜなら、スーパーの食品売り場に行けば、生鮮品から加工品まですき間なく並んでいるからだ。これらは生産者や流通業者の必死の努力の結果に他ならないのだが、それを想像できる消費者は多くない。

海外における異常気象も深刻で、オリーブオイルやチョコレート、コーヒーなど値上がりした。それでも売り場には並んでいる。「ずいぶん値上がりした」と消費者はため息こそついても、国内はおろか、海の向こうの農業現場のことまで想像しにくい。

▼…それだけに、二〇二四年夏、スーパーの棚からコメが一時的に消えたとき、大混乱となった。あるはずのものが売り場から消えれば、否が応でも反応する。新潟県内のスーパーやデパートでも「品切れ」という表示が目立った。

二四年産米が流通しているいまも、騒動は解消されないまま、米価は下がる気配すら見せない。ここまで騒動が続く要因は、すでに多くの専門家によって分析されているが、新潟県を始めとする主産地が被った高温障害がひとつだろう。新潟県では二三年産が猛暑と渇水の影響をまともに受け、作況指数は九五まで落ちた。翌二四年は追肥を確実におこなうなど徹底した高温対策が米産地に呼び掛けられた。それでも収穫前に続いた雨で、地域によって倒伏が目立ち、結果的に予定収量や品質を確保できず作況指数は九八にとどまった。二年連続の不作は、卸業者や小売業者に米の集荷を急がせている。

生産者のなかに、米の流通業者の態度の変化を感じている人もいる。新潟県内の大規模稲作農家五名と情報交換をおこなった際、「バイヤーが価格以上に数量や品質の確保を重視し、生産現場に深く関与するようになった」、「それまで農家は、ひたすら買ってもらう立場だったが、取引先と対等に交渉ができる環境になった」と語っていた。一方、大規模面積をカバーするには周辺の個人農家との〝連携〟が、中山間地を維持するには中小規模農家からの〝協力〟が、いままで以上に重要になる意見も多く出た。

▼…ところが、異常気象や人材不足問題に対処するためのスマート農業は、もっぱら大規模農家を対象としており、中小規模農家はほぼ蚊帳の外に置かれている。木之内教授も研究会で「これまで踏ん張ってきた篤農家ですら異常気象を前に『もうこれ以上は無理だ』と言って離農していくケースもある」と述べていた。高齢化、後継者不足という「自然減」が急速に進むなか、異常気象に端を発する「気象減」が加われば、離農者はさらに加速し、食料供給能力は大幅に下がる。好きなだけ輸入できる経済力も日本にはない。

▼…AIが、異常気象を予知し、同時に対応策を見つけ出すなどという時代が来るかもしれない。だが、これらの技術が現場の隅々に行き届くずっと前に、農業をあきらめる生産者が続出すれば、担い手も共倒れになりかねない。そのような事態になれば、食料生産基盤は崩壊する。それほど事態は深刻なのだと木之内教授の話から感じた。

スマート農業を活用する農家によれば、ここ数年で機械の性能は飛躍的に進歩したという。だが、スマート農業は唯一の解ではない。規模に関係なく、明日から実践できるような異常気象対策技術を業界が総力を挙げて開発し、現場に普及していく必要がある。

（新）

**農業気象台**

〔巻頭論文〕

# 気候変動が促す農業の技術革新

会員　金子　弘道

## 「地球温暖化」から「地球沸騰」の時代へ

「地球温暖化の時代は終わり、地球沸騰化の時代が到来した」。国連のアントニオ・グテーレス事務総長は、二〇二三年の世界の気温が観測史上最高を記録したことについて警鐘を鳴らした。緩やかに気温が上昇する「温暖化時代」が終り、加速度的に気温が上昇する「沸騰時代」に入ったという警告でもある。

日本も一九八〇年代後半から気温上昇が顕著になった。気象庁によると、二〇二四年夏（六～八月）の平均気温は基準値（一九九一～二〇二〇年の平均値）を一・七六℃上回り、二三年と並び、観測史上最高を記録した。最高気温が三五℃を上回る猛暑日は、福岡県太宰府市で年六二日と歴代最多になり、東京都も猛暑日が二〇日、真夏日が八二日に達している。

気温上昇のトレンドは今後も継続すると見込まれる。国連気候変動に関する政府間パネル（ＩＰＰＣ）は、一九八六〜二〇〇五年の世界の地上平均気温を基に、二一世紀末（二〇八一〜二一〇〇年）までの上昇気温を四つのシナリオ（ＲＣＰ、代表濃度経由シナリオ）で予測している。それによると、最も温暖化を抑えたＲＣＰ２・６シナリオでは〇・三〜一・七℃、最も温暖化が進むＲＣＰ８・５シナリオでは二・六〜四・八℃も上昇する。

気象庁がＩＰＰＣ８・５シナリオを基に予測した二一世紀末期（二〇七六〜九五年）の気温は、二〇世紀末（一九八〇〜九九年）と比べ全国平均で四・五℃、東京で四・三℃上昇する。気温上昇で病原体の活動が活発になる気候パンデミックや気候難民の発生、酷暑でレールが歪むなど鉄道や道路などインフラの被害、熱中症による労働損失といった影響は今後ますます増える可能性が高い。

特に農林水産業は自然環境の影響を直接受ける産業だ。将来の四・三℃上昇に備えた対策を今から備えておく必要があるだろう。

## 顕在化する農産物の高温被害

「これまでの栽培暦が通じなくなった」。農政ジャーナリストの会の研究会で講演した、熊本県阿蘇地方にある木之内農場会長で東海大学熊本キャンパス長の木之内均氏が嘆いている。従来は三月一〇日ごろ日差しが変化し、最低気温が上昇し始めるとメロンの定植するタイミング、七月下旬にヒグラシが鳴き始めたら一週間以内に梅雨が終るといった気温変化のポイントがあった。

ところが最近は梅雨末期には線状降水帯が発生して豪雨に見舞われる。偏西風に乗って西から東に移動するはずの台風は朝鮮半島や中国大陸に向かったり、途中でUターンするなど迷走し長雨を降らせる。二四年の流行語大賞候補になった「春夏夏秋冬」の言葉通り、夏が長く、春と秋の期間が短くなったから春秋に発芽、定着する作物の種子が高温の被害を受け、品質や収量が低下する。暖冬で越冬したカメムシなど害虫の被害も広がった。農産物の栽培適地も北上している。

農水省の地球温暖化調査レポートなどによると、リンゴや梨など果樹は着色不良や日焼け、肥大不良、縮み、割れといった被害で収量が減少。「巨峰」や「ピオーネ」など黒色系ブドウは、夏の高温で着色が進まず、「赤熟れ（あかうれ）」と呼ばれる着色不良が広がり、商品価値が大きく低下した。温州ミカンでは果皮と果肉が分離して食味が悪くなる「浮皮」や「日焼け果」が発生する。

野菜類も生育不良や発芽不良が目立っている。秋野菜のニンジンでは夕立を当てにした種まきができず、スプリンクラーが必要になる産地もある。畜産では乳用牛が夏バテで乳量が減り、採卵鶏の産卵率が低下した。ブロイラーの死亡も大幅に増えている。蚊の発生増で、ブルータングウイルスに感染する羊が増加したとの報告もある。

なかでも深刻なのはコメの高温被害だ。水田のほぼ半数のイネで穂が出る「出穂期」以降の高温で、でんぷんの蓄積が不充分になり米粒が白く濁る「白未熟粒」、胚乳部に亀裂が入る「胴割粒」が増え、一等米比率が大幅に低下した。「日照りに不作なし」の定説は通じなくなった。

コメどころの新潟県では二〇二三年産コシヒカリの一等米比率が四・七%と、平年（七五・三%）を大幅に下回り、過去最低になった。逆に暑さに強い品種の「新之助」は、一等米比率が九四・七%に達している。

コメの供給量の縮小による品薄感に加え、コロナ禍後の需要増大や食品価格全般の上昇など複合的な要因が絡み、コメ価格が上昇した。業者間でコメの取り合いが起き、売り惜しみも重なって二三年産米のスポット価格は急激に上昇した。

供給量の増加が期待された二〇二四年産米の全国の作況指数は、九月二五日時点では「やや良」の一〇二だったが、一〇月二五日時点では「平年並み」の一〇一に下振れした。九州を中心に記録的な高温やカメムシの発生、台風被害が下振れの原因とされる。

新潟県では二〇二四年五月下旬から六月上旬の気温が平年を下回った影響で、穂数が少なく収穫量も平年を下回る見通しとなり、作況指数は「やや不良」の九八だが、新潟大学農学部の伊藤亮司氏は、実態はもう少し悪いのではないかと感じている。天候不順や台風による倒伏の多発したほか、農地の規模拡大による人手不足などで生産力が低下しているとみる。人手不足で激変する天候にきめ細かな対応ができなくなっている。

## 水産業は海水温上昇と乱獲のダブルパンチ

気温上昇の影響は水産業でも深刻だ。水産庁によると海面養殖を含めた水揚げ高は、二〇二三年に四二三万トンとピーク時（一九八四年）より七一％も減った。なかでもサケ類、サンマ、スルメイカ、サバ類の減少が激しい。二〇二三年にサケ類は六万トンとピーク時の五分の一、サンマは九六％減、スルメイカは九七％減、サバ類は八四％減と壊滅的な状態に陥った。

イカでまちおこしをする函館市では、塩辛の加工場が閉鎖され、輸入イカに依存する食品加工業者も出ている。青森県八戸市は八戸港に揚がる脂の乗ったサバを「八戸前沖サバ」のブランドで販売していたが、規格に合ったサバの水揚げ高が激減し、二〇二二、二三年のブランド認定を見送った。二四年にブランドは復活したが、先行きを不安視する関係者は多い。

水揚げ量が減少した原因のひとつが海水温度の上昇だ。本来、房総沖から太平洋を東に流れる黒潮が蛇行し、三陸沖や北海道東部沖などに海水温の高い水域ができ、低水温を好むサンマやサケが沿岸に近づけなくなっている。

海水温の上昇につれて、日本近海の魚も北上する。福島県ではこの一〇年間に、温かい海に生息するイセエビやフグの漁獲高が急増、宮城県ではタチウオが五〇〇倍に増えた。北海道ではサケ類の水揚げが減る一方で、ブリの漁獲高が六倍に膨れ上がり、ふぐ類の漁獲高は全国一になった。水産庁は漁業者に、ブリやマイワシなど増加する魚種向けに漁法を転換する「魚種転換」を促している。

ただ、日本は地域色豊かな魚食文化が根付いている。北海道や東北地方はサケ類の文化圏で、北陸地方で好まれるブリが揚がっても安値で取引され、漁業者の収益アップにつながらない。北海道で揚がったブリを北陸や西日本に輸送する流通網の整備が課題になっている。

もっとも、漁獲高が減少する要因は海水温の上昇だけではない。日本近海での乱獲の影響が大きい。産卵前の未成魚や脂乗りの少ない小型魚を獲って水産資源を無駄遣いする、いわゆる「成長乱獲」だ。水産業は乱獲に加え、気候変動による海水温の上昇というダブルパンチに見舞われている格好だ。

水産庁は二〇一八年、漁業法を改正し、漁獲可能量（ＴＡＣ）を強化するなど水産資源の保護にカジを切った。水産資源を厳格に管理するノルウェーや英国、アイスランド、米国など水産先進国は海水温の上昇にも関わらず、安定した漁獲高を維持している。

日本も長期的に最大の漁獲（ＭＳＹ）を得る目標を掲げ、海で産卵する親魚の量を分析し、その親魚量を達成できるレベルに漁獲を抑えていく政策が必要だ。さらに一歩進んで、汚染物質を含んだ河川の浄化、沿岸部の埋め立てなど乱開発の規制など魚類が生息しやすい環境をつくる対策が求められる。

## 高温対応型の品種開発

高温による農産物の収量や品質低下に対応した、栽培技術の改善や品種改良も進んでいる。品種改良の中心は高温や乾燥への耐性を持つ種苗の開発だ。

たとえば、西日本では高温耐性を持ったコメの「にこまる」や「きぬむすめ」が急速に普及している。この二品種は二〇年ほど前に九州で誕生した。開発のきっかけは二〇〇〇年頃、九州のブランド米「ヒノヒカリ」が高温障害で品質低下が問題になったこと。農業・食品産業技術総合研究機構（農研機構）九州沖縄農業研究センターが二〇〇四年に「にこまる」、二〇〇六年に「きぬむすめ」を開発した。両品種の普及は速かった。特に猛暑日が過去最高を記録した二〇一〇年を境に九州、中国、近畿地方の各県が奨励品種に指定した。

それ以外でも、新潟県の「こしいぶき」や「新之助」、山形県の「つや姫」、栃木県の「とちぎの星」、富山県の「てんたかく」など高温登熟耐性品種が開発されており、切り替えが進んでいる。

果樹では、高温障害で着色不良になる巨峰やピオーネなど黒色系品種に代わって、高温耐性品種で着色不良の問題がないシャインマスカットへの改植が進んだ。シャインマスカット栽培面積は、二〇二一年で二三四六㌶と一二年の五・一倍に膨れ上がり、巨峰やデラウエアなどを抜いて首位に躍り出た。

イチゴも品種の切り替えが急ピッチだ。栃木県は、主力品種の「とちおとめ」から高温に強い「とちあいか」への切り替えが進む。イチゴは八月中旬以降の気温低下と日照時間の減少で花成誘導され、九月中旬ごろに花芽を形成し定植となる。しかし、近年は八月中旬以降の高温で花芽分化が進まず、定植が遅れて収量の低下につながっていた。

「とちあいか」は、栃木県が約七年かけて開発し、二〇一八年に誕生したオリジナル品種で、花芽分化しやすく、実が大きく収穫量が多い。病気や暑さにも強い。栃木県は二〇二七年までに、県内のイチゴの栽培面積の八割を「とちあいか」にする計画で、農家に栽培方法の研修会を開催して切り替えを進めている。

高温に対応した栽培技術の見直しも各地域で進む。二〇二三年、コシヒカリの品質低下に直面した新潟県は「令和五年産米に関する研究会」を開催し、高温被害を軽減する栽培技術対策をまとめている。将来は高温耐性品種に置き換わるだろうが、当面の異常高温など気候変動リスクに備えた技術対策だ。

対策は①リスク管理を考慮した作付け計画②施肥管理による後期栄養の確保③水管理による後期栄養の維持――の三本柱から成る。登熟期の高温で登熟が低下する要因のひとつが、田植え時期が早まり登熟期が高温に出会いやすくなっていること。そこで田植え時期を遅らせるなどリスク回避する。また、夏の暑さでイネが疲弊するので追肥で栽培後期の栄養を確保し、さらに水管理で後期栄養を保持する方法だ。

果樹でも気候変動リスクへの適用技術はマニュアル化が進んでいる。温州ミカンの浮皮にはジベレリンとプロヒドロジャスミンの混合液を散布し、リンゴの日焼け防止は遮光資材をかけるといった方法で被害を防止する。

農水省も二〇二三年度の補正予算で「高温対策栽培体系への転換支援事業」を計上。生産者、農業団体、行政が一体になって、高温耐性品種の導入や高温対策栽培技術などを組み合わせた高温対策栽培体系への転換に向けた実証を支援する。さらに対策に取り組む産地に、追肥ドローンや園地の遮光対策など機械・設備の導入を補助している。

日本農業は天候に応じた細かな栽培技術の工夫や改善の積み重ねのうえに築かれてきた。農業者が新たな技術を習得し、収益向上につなげるには一〇年かかるともいわれるが、栽培技術の改良で高温リスクを乗り切らざるを得ない局面になっている。

## 品目転換の可能性も視野に

高温耐性の新品種の導入は従来のブランドを捨て、新たなブランドを育てることでもある。そこで消費者に人気のブランド米の生産者が販売力の低下を恐れて、新品種への移行をためらっている生産者もいる。高温耐性品種への円滑な移行には、消費者や流通業、食品加工業などの理解と協力が欠かせない。農業団体や食品産業などが一体になって、消費者の温暖化への理解を深める必要がある。

温暖化を逆手に取った農業も進んでいる。高温化で農産物の栽培適地は北に移動している。たとえば北海道では「ゆめぴりか」「ななつぼし」「ふっくりんこ」といったブランド米が育ち、日本有数のコメ産地になった。また、ワイン用のブドウでも栽培適地にも育ちつつある。リンゴは二〇六〇年にかけて中部や東北地方の栽培適地が縮小し、北海道に移動する可能性が指摘されている。

気温上昇を逆手にとってコメの増産を目指す動きもある。農研機構が高温耐性品種「にじのきらめき」を使い、福岡県の試験圃場で実証実験する「再生二期作」はそのひとつだ。四月に田植えし、夏に地表から四〇センチと比較的高い位置で一期作目を刈り取る。切り株からは「ひこばえ」が再生してくるが、これを育て二期作として秋に刈り取る。田植えなど新たな農作業は必要ない。

東南アジアでは普通に行われている栽培方法だが、日本では秋の高温を利用して収量を増やす。試験結果は、一期作目と二期作目の合計で一〇アール当たり九五〇キログラム（二〇二一、二三年の平均）の収穫を得られた。国産農産物の増産は食料安全保障にも役立つ。

問題はこのまま気温の上昇が続き、どんな工夫をしても高温障害などが防止できないターニングポイントがやってくる可能性があることだ。そうした環境変化が起きれば、別の栽培品目に転換する「品目転換」が必要になる。

気象庁がＩＰＣＣの最悪シナリオを基に予想した二一世紀末の日本の気温は、最大四・五℃上昇する。予測通りなら山梨県甲府市の気温は一九・二℃に上がり、現在の宮崎市を上回る。将来は山梨県でマンゴー栽培といった突拍子なことも想定しなければならない。

もし品目転換になれば、農業者は生産、販売、経営面で計画を一から見直すことになる。生産面では新しい作物の栽培技術の習得が必要だし、新たな販路も開拓しなければならない。農産物の規格やブランディング、流通ルート、経営的には農業機械、労働力、資金繰りなどを新たに考える必要も出てくる。

品目転換には農業団体、食品産業、研究機関、行政の協力が欠かせない。同じ作物に転換する他地域との連携も重要になるだろう。行政や研究機関はデジタルトランスフォーメーション（ＤＸ）を活用し、圃場に設置された観測機器、水田の水位、土壌などセンサーの情報を組み合わせて、気候変動を的確に把握し、品目転換のタイミングを計らなければならない。新たな品種の開発には時間がかかる。民間の研究機関の中には、品目転換を想定して今から準備しておくべきと警告を鳴らすところも出始めた。

## 四大生産国に依存する日本の食料供給

気候変動は日本だけでなく世界的な現象だ。海洋性気候の日本に比べ、大陸型気候の農業生産国の気候変動が激しい。高温や干ばつ、豪雨、水不足などで二一世紀末までに世界の農業適地は三五〇万平方キロメートル減り、現在の農地の七・一％が失われるとの予想もある。栽培適地の縮小は、単位面積当たりの生産性が上がらない限り、食料供給力の減少につながる。

一方で世界の人口はアジア、アフリカを中心に増加し、二〇五〇年には九五億人と、二〇〇五年（六五億人）の一・五倍に膨れ上がる。肉食の拡大による穀物需要の増大やバイオ燃料需要を加味すると穀物需要は二倍に増えるとの予想もある。

日本のカロリーベースの食料自給率は三八％と先進国の中では最低水準だ。それを補っているのが輸入農産物だ。米国、カナダ、豪州、ブラジルの四カ国からの輸入農産物を加えた日本のカロリーベースの自給率は八五％になるという。四カ国に気候変動被害が起きれば、日本の食料供給に支障が出かねない。

農林中金総合研究所客員研究員（気象予報士）の田家康氏は著書「気候文明史」で、$CO_2$の蓄積量などから考えて「地球規模での急激な温暖化という、文明が初めて経験するような環境変化が起きる可能性がある」と警告する。

気候変動は文明の衰退や王朝興亡の引き金になってきた。このまま気温上昇が続けば、世界的規模の農業革命が起きる可能性がある。それは画期的な新技術か、昆虫食のようなものなのか分からないが、現在はその前哨戦が始まっているのかもしれない。

（かねこ　ひろみち・農政ジャーナリスト）

# 深刻化する異常気象と迫られる農業の革新

株式会社農林中金総合研究所 客員研究員・気象予報士
田家 康

私は二〇一〇年に出版しました『気候文明史』以降、気候と農業の関係について情報発信してまいりました。最近では月刊「文芸春秋」の巻頭随筆に「第四の農業革命」というタイトルで、気候変動と農業の将来について書きました。これがきっかけになり、いろいろなところで、気候変動と農業についての話をさせていただく機会が増えてきています。今日もそうした話をしたいと思います。

## 地球温暖化の動向

近年の日本の気温推移をみるときは、都市化の影響の少ない一五地点の平均が使われることが多いようです。そうすると、一八九八年以降、一〇〇年当たり一・〇七℃の上昇となります。一方都市部は約三℃上昇しています。これまで、地球温暖化の要因によるものが一〇〇年間で一℃、都市温暖化の影響が同じく二℃、合計三℃とされ、都市の温暖化の影響が大きいとされてきました。しかし、二一世紀になると、都市化の影響のない地域でも大都市と変わらない気温の上昇を見せるようになります。これまで、都市の温暖化は廃熱や地面がコンクリートやアスファルトで覆われたことが一つの要因とされてきましたが、そうした要因は二〇世紀後半で一段落し、今では温暖化要因が強く関係してきています。ヒートアイランド現象と地球温暖化の影響がこれまでの二対一という比率でしたが、地球温暖化の影響が大きくなっているようです。また、海水温についてみると、たしかにこの二年間は海水温が高いのですが、三年前は低かったので、近年の海水温の高さが必ずしも長期的な傾向とはいえません。

一八五〇年以降の世界の平均気温の推移と二〇一一年以降一三年間の気温の推移をみてみます。たしかに、去年と今年は、エルニーニョ現象の影響で、とくに気温が上昇しています。エルニーニョ現象は今年の四月に終わっているものの、三～四年は高温傾向が残るということなので、今年の夏はそのせいなのではないかとみられます。また、EUの気候変動監視機関のデータから、七月から翌年の六月までの一年間の気温の推移を、産業革命前からみてみます。一九四〇年代、五〇年代、六〇年代、七〇年代過去は、〇・五℃～一・〇℃だったのが、二〇二三年以降の一年間は一・五℃上昇しています。とくに、二〇二四年の七月は、世界の平均気温が一七・一六℃でこれは過去最高でした。

国・地域別の温室効果ガスの排出量をみると、たしかにヨーロッパやアメリカでは、二〇世紀末以降、排出量そのものが減少しているのですが、現在では発展途上国を中心に上昇の一途をたどっています。このままいくと、いつになったら温室効果ガス排出量が下げ止まるのか、気温はいつまで上がるのか、ということが大きく懸念されます。ちなみに、大気中の二酸化炭素量を過去二五〇〇万年間についてみていくと、二〇二三年一二月は四二一ｐｐｍ、今世紀末には五〇〇ｐｐｍ近くになるといわれており、過去二〇〇〇万年という時間軸でみても過去最高の二酸化炭素濃度になっています。なお、ＩＰＣＣの第六次評価報告書は、われわれ人間の祖先が七〇〇万年前以降にアフリカで生きていたころの気温と比べてみても、過去にない状況の気温上昇になっているとしています。

## パリ協定目標の実現可能性

パリ協定は、世界全体の平均気温の上昇を工業化以前（産業革命前）と比べて二℃より十分低く保ち、一・五℃高い水準に抑える努力をする、としています。ところが協定では、工業化以前がいつのことかは明確に定義をしていません。もっとも、ＩＰＣＣの報告書では、一八五〇年から一九〇〇年の平均気温を工業化以前のものと仮においています。さすがに昨年・今年は突出して高くなっていますが、長期トレンドからみても、二〇三〇年代の半ばには、産業革命前に比べおそらく一・五℃を超える状況になると思います。江守正多さんは、一〇年くらいの平均気温を追わないと、一・五℃を超えるとは言えないとしていますが、二〇三〇年代以降になると、そういう状態になると見込まれます。

エネルギーアナリストの大場紀章さんと気候研究者の江守正多さんがＹｏｕＴｕｂｅで議論していますが、江守さんは「一・五℃の気温低下は奇跡が起こらないとできない。けれども、過去の歴史では奇跡が起きている。積極的な企てでなく、長期的な働きかけやイベントなど全部が重なると、そういう奇跡が過去起きている。トランスフォーメーションというのはそういうものである」。彼はトランスフォーメーションという言い方をしています。その事例として江守さんがあげるのが、奴隷制廃止や植民地解放、あるいは最近の例でいうと、たばこの禁煙・分煙社会の発生などで、五〇年前では考えられないことが実際に起きているというのです。大場さんは、二℃低下という目標設定について、二〇五〇年までに半減というかたちは受け入れるけれども、一・五℃目標になると、心が折れる人が出てくるといいます。おそらく、二〇二五年くらいに温室効果ガス実質ゼロは無理で、その時点で見直されるのではないか、と言っています。果たして、トランスフォーメーションが達成されるのか、それともみんなの心が折れてしまうのか。この二人の意見が、本音としての代表的な見方ではないかと思います。

いずれにせよ、温室効果ガスを削減してさらなる気温上昇を抑えたとしても、過去の水準まですぐに気温を下げることはできません。大気中に排出された温室効果ガスは、海に溶け込んだり、植物が光合成に使ったりして、きわめてゆっくりと大気中から除去されていきます。現在、人間活動によって年間四ｐｐｍが排出され、うち二ｐｐｍが海洋や光合成になどによって吸収され、残りの二ｐｐｍが溜まっていきます。仮に排出量をゼロにしても、今まで溜まったものがあり、四〇％まで削減するのに一〇〇年かかり、その後さらに八〇％削減するまでには一〇〇〇年かかるといわれています。したがって、二〇五〇年に仮に二酸化炭素の排出量を実質ゼロにしても、温暖化の状況はすぐには変わりません。温暖化の影響を抑えるには、さらに一〇〇年近い時間がかかります。そんなに待ってはいられないとなると、ＤＡＣ（直接空気回収技術）によって空気を直接回収することを行うべきだという主張がでてきています。この技術の具体例として、現在アイスランドなどにプラントがありますが、一トン当たり二〇〇ドル以上のコストがかかっており、これを一〇〇ドルにすることが目標とされています。日本の家庭からの年間排出量は三・八トンですから、コストが一〇〇ドルになったとしても、年間三八〇ドル（約五万円）になります。そのくらいの費用が受け入れられるかが議論になってくるでしょう。いずれにしても、排出削減とともに温暖化に「適応」することが大事になってきます。

　ちなみに、「地球温暖化」あるいは「気候変動」という言い方がされます。近年は気候変動という言い方が多く用いられていますが、温暖化そのものだけではなく、温暖化に伴っていろいろな災害が起きるという表現になってきていているようです。ところで、「気候変動」の英語はclimate

changeですが、このchangeは「変動」でいいのかということです。Changeという言葉には、もと
もと、変化して元に戻らなくなるという意味があり、climate changeには、人間活動によって気候
が全く違う段階になってしまいもう元に戻らなくなるということを意味しています。かつては「気
候変化」という言い方もしていましたが、一九九二年、気候変動枠組条約ができたときに、日本の
官庁は「気候変化」ではなくて「気候変動」と訳しました。ちなみに中国では、「気候変化」とい
う訳語を使っています。先ほどの江守さんは、「ある時、有識者が集まって、climate changeを「気
候変化」に直そうかという議論がされたけど、結局、官民あわせて修正文書があまりにも膨大にな
るので、やめようということになった」と発言しています。そうして、地球温暖化に伴って気候変
動という言葉がでてきたのですが、皆さんの頭の中では「気候変化」と変えていただいたほうが、
より実態にかなっているのではないかと思います。

## 気候変動と世界の食料需給

二〇二三年の日本の食料自給率が、八月三〇日に農林水産省から公表されました。それによると、
生産額ベースで六一％、供給熱量（カロリー）ベースで三八％です。生産額ベースでは、二〇二二
年度が五八％ですので、やや改善したかたちです。カロリーベースについては批判もありますが、
農水省では、日本の国民の生活維持についてはカロリーが非常に重要で、生きるための指標として

カロリーベースで食料自給率は必要だとしています。そこで、カロリーベースでみて、国産によるものは三八％ですが、これにアメリカ・カナダ・オーストラリア・ブラジルからの食料をあわせると、八五％になります。つまり、カロリーベースでみる限り、日本人の生命維持にとって大事な穀物の輸入については、この四か国を考えればいいということになります。

それでは、農水省とＦＡＯの資料から、穀物の輸入について日本と各国の収量の動向をみてみます。小麦では、アメリカ・カナダ・オーストラリアが量も比率もほとんどを占めています。大豆ととうもろこしも同じです。二〇一〇年代までは、小麦ととうもろこしで、ウクライナとアルゼンチンが入っていましたが、この二〇年間はこの四か国のシェアはあまり変わりません。穀物の輸入をこの四か国に依存していていいのか、悪いのかというと、私は、地理的な分散が効いていて、今のところ適当なのではないかと考えています。アメリカとカナダは北半球の温帯域に位置し、オーストラリアとブラジルは南半球の温帯域から亜熱帯域に位置しています。しかも、四か国とも、日本の最も信頼できる友好国です。当面は、食料安全保障の面で大きなリスクはないだろうとみています。

ちなみに、アメリカのカリフォルニアで熱波が起き、山火事が発生していることが、気候変動の影響だといわれることがありますが、小麦・とうもろこし・大豆の生産地域の中心は北東部です。したがって、熱波の影響は、アメリカではそれほどないとみられます。冷害ならともかく、温暖化によって小麦の収量が減少することはあまり考えにくいと思います。むしろ遠い将来になりますが、心配なのは水不足で、ミシシッピー川の西側にある、日本の総面積より広い地下帯水層（オガガラ帯水層）が穀倉地帯の水源になっていますが、これが、一九三〇年代から、ポンプによる汲み上げによって取水され始め、収支バランスが崩れ始めています。一〇〇年後あるいは二〇〇年後ともといわれていますが、その帯水層の水が枯渇すると、アメリカの農業は大きな影響を受けるでしょう。

ブラジルは、不作の年もありますが、総じて生産は安定しています。オーストラリアの場合は、インド洋にもエルニーニョと同じようにインド洋ダイポールモード現象といって、海洋の変動があります。これが正のモードになると、インド洋東部の海水温が下がることから、オーストラリアの広範な地域で干ばつが起きます。

### 気候変動対応としての品種開発

一九八〇年～一九九九年（二〇世紀の最後の二〇年間）の状況と、世界の平均気温が二℃あるいは四℃上がった場合の状況を比べたデータがあります。そこから、気象庁の猛暑日日数がどれくらい増加するかをみると、東日本でも、二℃上昇で五日、四℃上昇で二〇日増加します。一日当たり降水量が一〇〇ミリ以上の日数も着実に増加する一方、年間の最深積雪量が激減するとされています。また、農作物の栽培適地の移動については、うんしゅうみかんは栽培適地が北上し内陸部に広がり、りんごは東北地方・長野県平野部から主力が北海道に移る、とされています。そのように、生産適地の変化から、今後は、西日本と関東以西の太平洋側では、亜熱帯性果実の栽培が続いていくとみられます。

気候変動に対応すべく、農研機構では高温耐性品種の開発が着実に行われています。とくにぶどうの場合、黒色系品種の巨峰やピオーネは高温障害のリスクが高まるので、適応策として、黄色系品種の導入拡大、たとえばシャインマスカットが高温耐性品種として積極的に導入されています。シャインマスカットは美味しいということだけではなく、この一〇年来、高温障害への対策として栽培が推奨されてきました。もっとも、生産動向の調査結果（二〇二一年）をみると、ぶどうの作付面積が全体として下がっていて、それが一番の問題です。黄緑色品種の導入拡大といっても、まともに増加しているのはシャインマスカットしかなく、この一〇年間で二〇〇〇ヘクタル以上増えています。そういう意味では、品種の変更はけっこうドラスティックに、進むときは進むものだと思っています。

とちおとめととちあいかは栃木県のいちご品種ですが、どちらが美味しいかという以上に、この二品種には高温障害対策が関係しています。いちごは、発芽時（八月中旬）以降の気温低下と日照時間の減少に伴って、花芽がでてきますが、最近は、八月中旬以降も高温が続くので、発芽分化が遅れてしまいます。そうすると、とちおとめは年内収量の低下を招き、一〇月まで高温が続くと、開花まで遅れる傾向があり、病気にも罹りやすくなります。そうしたなかで、とちあいかという品種が導入されました。とちあいかは高温での栽培に適し、発芽分化しやすく、耐病性もあります。

米の品種についてみるため、過去二五年にわたって品種別の比率をみてみます。コシヒカリは一九九七年の段階では三〇%で、それ以後三五〜三八%になり近年は若干低下しています。次にくるのが、ひのひかり、あきたこまち、ひとめぼれです。日本晴は高度経済成長期の代表品種で、一九九七年にはまだ四%近くありましたが、害虫耐性や消費者のニーズから、今では開発した滋賀県などでごくわずかしか栽培されていません。かつては、コシヒカリと並び称されたササニシキも、今ではごくわずかになりました。一九九三年の冷害による平成の米騒動が起こったとき、ササニシキは冷害に弱いとされ、一気に作付面積が減っていきました。そして現在では、高温耐性品種である、きぬむすめ、こしいぶき、つや姫、ふさこがねなどが、二〇一三年以降増加しています。今や、高温耐性品種が二一%を占めています。

主要四銘柄（コシヒカリ、ひとめぼれ、ヒノヒカリ、あきたこまち）のなかで、高温障害耐性があるといわれているのは、ひとめぼれだけで、ほかはもともと冷害耐性品種です。今後、高温耐性品種をどんどんつくれということになっているようですが、私が心配するのは、一九九三年のような冷害が起きたときのことです。平野部では高温耐性品種、山間地では冷害耐性品種を栽培すればいいのではないかという研究者もいますが、現在の米の需給は非常にタイトであり、一℃でも冷害が起きたら、今年よりもっと深刻な米騒動が起きるかもしれません。そういう意味では、白未熟粒であっても味は変わらないのであれば、等級は下げなくてもいいのではないかと思います。

北海道では、かつては、きらら397、ほしのゆめ、ゆきひかりという品種を主につくっていましたが、今では、ななつぼし、ゆめぴりかが台頭してきています。品種の入れ替えというのは、ずいぶん劇的に進むということがわかると思います。現在では、農家で来年の種籾をつくることは推奨されず、もっぱら、購入した種籾を利用しているので、品種転換は比較的早く進むのではないでしょうか。

ただし、ブランド農産物の場合は品種転換が難しいかもしれません。たとえば、丹波の黒豆は、六月中旬頃に種を蒔いて、一〇月中旬に収穫します。気温が二〇℃〜二五℃のときが栽培に適すると言われ、二七℃〜三一℃となってしまうと収量の減少が起きるといわれます。遅く蒔くと正月に間に合わなくなり、高温耐性品種にすると品種としてのブランドを保てなくなります。そのように、ブランド農産物の場合は、なかなか悩ましい問題があります。

## 降水量減少への危惧

ここまで、高温耐性品種への改良で気候変動をしのげるのではないかというお話をしてきたのですが、私はむしろ、降水量への懸念があります。日本の水資源は、西日本では梅雨と台風、東日本・北日本では梅雨と雪解け水に依存しています。たとえば、四国の早明浦ダムは、一回の台風で貯水量が一〇〇%になります。そのように、台風依存なのです。今後、台風の発生数が少なくなり、発生すれば大型化すると予想されています。そうすると、西日本では今のような台風や集中豪雨に頼った「水ガメ」依存でいいのかという議論がでてくるでしょう。

東日本・北日本の場合には、自然のダムである山地の積雪とその雪解け水の存在が水供給の安定をもたらしていますが、東日本の山岳地帯では積雪量の減少傾向がみられます。東日本の山岳部に雪が降るか雨が降るかは、上空一五〇〇メートルの気温により、マイナス三℃以下だと雪になり、それより高いと雨になります。現在、東日本の山岳では、このぎりぎりの境界の気温で雪が降っている状況です。たとえば奥只見の月別の降雪量をみると、三月の日平均気温が四℃以下の日数が着実に減っています。仮に一~二℃程度の気温上昇であっても、大きく降水量が減少する可能性があります。新潟の魚沼町の友人は、山に雪があるかないかで春の水の状況を予想しているといっていました。私は、気候変動の観点での日本の農業にとっての最大のボトルネックは、気温よりも水の問題ではないかと思っています。

## 二一世紀後半の気候変動と世界の食料需要

「人新世」に関する議論のなかでは、一九五〇年以降の社会経済活動の多くの指標が劇的に増加している(グレート・アクセラレーション)といわれます。そして、プラネタリー・バウンダリー(惑星限界）は、人間活動が限界を超えると地球環境に不可逆的な変化を与える可能性があることです。これが、気候変動、オゾン層破壊、大気エアロゾルの問題、海洋の酸性化などであるとされるようになっています。

こうした問題も本質的には人口問題で、人口が増加していなければそうした問題は起こりません。ところが、今後も、アジアやアフリカで人口が増加すると見込まれ、二一〇〇年には一〇〇億人を超えると予想されています。一方で、ダボス会議気候変動への対策を議論する国際会議では、人口抑制に関する議論は一切ありません。しかし、人口増加は食料問題に直結します。

二一世紀後半の気候変動と世界の食料供給についてのシミュレーションを、ＦＡＯのＦＯＯＤ ＯＵＴＬＯＯＫからみると、この一〇年間の生産量と消費量はほぼ見合っていて、在庫量もこの三年間は年間消費量の三分の一程度で推移しており、安定した状況だと思います。とはいえ、今後世界の人口が増加することと、肉食傾向が強まるという食生活の変化による飼料穀物需要の高まり、さらにはバイオ燃料の需要も拡大するとみられます。それらの要因を考えると、二〇〇五年～五〇年で、穀物生産量を二倍にしなければ人口増加に追い付きません。それは、年間二・四％の生産量の増加させなければいけない目標です。一方、過去の一九八九年～二〇〇八年の実績は〇・九～一・六％の増加でしかなく、今後の目標値の半分しかありません。このままでは、穀物生産量は確実に不足します。ちなみに、穀物収量の推移をみても、米については一九九〇年以降、中国、韓国、インドネシアで収量の伸びが止まっています。小麦も、一九九二年以降、中国、インドでは伸びがみられるものの、オランダ、イギリス、フランスでは伸びが止まっています。とうもろこしでも、収量増の頭打ちの地域が増えています。

次に、農業生産に必要な水の状況をみてみます。今後、地球温暖化が進むと、土壌水分が減少するようになります。一九八〇年～九九年の二〇年間と今世紀末の二〇八〇年～九九年の状況予測（RCP４・５シナリオ）で、世界平均気温が二℃上昇するというシナリオを仮定してコンピュータでシミュレーションしてみると、オーストラリア、ブラジルで減少が大きくなっています。アメリカは、中西部は減少幅が大きいのですが、カナダは逆に増加するとみられています。また、中国、ロシアは若干増えるところが目立ちます。

そして、農業適地の変化をみる観点で、一九八〇年～二〇一〇年の三〇年間と、二〇七一年～二一〇〇年の三〇年間を比較したシミュレーションがあります。世界平均気温の上昇が二一世紀末に二・八℃になるとの前提を置き、小麦やとうもろこし、水稲など重要な一六種類の作物の栽培の適地の変化をみます。世界の農業適地は、現在は五四一〇万平方キロメートルで、そのうち現に農業として利用しているのは四九一〇万平方キロメートルです。それが、一〇〇年間で北半球の高緯度にシフトしていきます。地域別にみると、農業適地が減少する地域が、アフリカ、オーストラリア、ニュージーランド、東欧、インド、地中海沿岸です。逆に増加する地域は、カナダ、中国、ロシア、アメリカ、日本です。この計算結果をみると、世界人口が一・五倍に増える状況のなかで、中国やロシアといった覇権主義の国で農業適地が増えることになります。新たな地政学的なリスクが台頭してくる可能性があるのではないでしょうか。

## 二一世紀後半の農業の姿

そう考えると、二一世紀後半の農業を抜本的に変える必要があると、私は考えています。氷河期が終わってからの過去一二〇〇〇年間、三つの農業の革命が起きました。第一の農業革命は、間氷期に入って大幅に気温が低下した時代（「寒の戻り」）、中東で穀物の栽培が始まったことです。続く第二の農業革命は、五千年くらい前に、中緯度の各地で降水量が減少し干ばつに見舞われる気候変動があり、このときに、メソポタミアや長江流域で灌漑農業が開始されたことです。三番目の農業革命は、一五世紀～一六世紀、北半球の中緯度で「小氷期」といわれる寒冷・乾燥が三〇〇年続き、この時代、ヨーロッパでは栽培品目のグローバル化で対応しました。南米産のじゃがいもや北米産のとうもろこしの輸入などで食料危機を乗り切りました。今後は、第四の農業革命が射程に入ってくると思われます。

未来の農業の姿として一般的にいわれているのは、人工光合成と遺伝子組み換え作物ではないでしょうか。しかし、光合成はそれほどエネルギー変換効率がよくありません。葉は緑色をしていますが、これは緑の光を吸収しないからで、可視光の中の赤と青しか使っていません。光エネルギーの取り込みは、植物の光合成によるものより太陽光パネルのほうがよほど効率がよく、人工光合成にはあまり期待しないほうがいいのではないかと思っています。遺伝子組み換え作物については、インドの綿花では今や大宗を占めています。なお、遺伝子組み換え作物は危険なのではないかという意見がありますが、これまで、ＧＭＯが危険だったという趣旨の論文はたった二つしかありません。オオカバマダ蝶が方向感覚を失ったというものと、ＧＭＯとうもろこしの発がん性をいったセラリーニの論文しかありません。いずれも信頼性の高くない学術誌に掲載されたもので、この四〇年間に、遺伝子組み換え作物による危険性の実証はなされていないません。ただし、この分野の研究者からは、ＧＭＯによる品種改良については、大豆以外の穀物ではやり尽くしているという声もあるようです。

## 第四の農業革命

気候変動の進展という歴史の流れから、今後起こるであろう「第四の農業革命」を展望したいと思います。私は、新しい農業が誕生する契機になるのではないかと考えています。過去の三つの農業革命を振り返ってみます。最初の農業革命では、狩猟採取できる作物をなぜ生育させる必要があるのかという疑問が出たはずです。第二の農業革命では、面倒くさい土地を掘り、水を流す作業という灌漑作業をどうしてしなければいけないのかという論点がありました。第三の農業革命では、「悪魔のリンゴ」とまでいわれたじゃがいもを食べていいのか、と西欧人は悩みました。こうしたレベルでの問いかけが、これからの時代に起こるのではないでしょうか。

様々な技術革新が提案されています。エサに海藻を用いることで牛のげっぷへのメタンガスを減らす、メタン産生を抑制する腸内細菌が農研機構によって開発されています。ダボス会議では、東南アジアの水田から発生するメタンガスが問題とされましたが、これも、中干しの実施によってある程度は抑制できます。そのときの収量減をどうするかが問題になっています。そして、水不足についても、垂直農業や、イスラエルで行われてるパレットを使った灌水技術があります。

昆虫食については批判的な意見もあるようですが、私は、今後普及に向けて議論されていくのではないかと思っています。たとえば、二〇〇キロカロリーに含まれるたんぱく質と脂肪の量を、コオロギと牛で比べると、コオロギのほうが牛よりも優位性があるとされています。また、たんぱく質一ポンドを生産するために必要な水の量は、牛では二〇〇〇ガロンですが、コオロギは一ガロンしか必要ありません。温室効果ガスの排出量もコオロギのほうが圧倒的に少ないのです。よく、虫をハンバーガーのパティにして食べているような絵がありますす、通常はパウダー状にして、現行のプロテインの摂取と同じようなかたちになります。

次にお示ししたいのが、多年生植物の復権です。過去、一万年以上にわたって、人間は一年生植物の栽培に注力してきました。小麦、大麦、とうもろこし、大豆など一年生植物というのは、成長戦略として草や葉より種子を大きくします。種子を大きくしてくれるので、われわれ人間は穀物を栽培してきました。ところが最近、窒素肥料の大量投入が問題になっていて、毎年茎や葉を枯らしてしまう一年生植物では、土壌有機物を枯渇させる懸念が指摘されています。そうして、多年生植物のなかでも、とくに中間ウィートグラス（中生の小麦若葉）が注目されています。イネ科の多年生の飼料用穀物ですが、これの食用としての開発が進んでいます。実は、米は多年生植物で、刈った後に「ひこばえ」としてまた芽が出てきます。稲が多年生植物である証拠です。最近は、温暖化で稲の収穫が早まり、ひこばえによる二期作が、農研機構で研究されています。こうしてみると、二一世紀の後半には、米が多年生植物として栽培されるようになるかもしれません。

もっとも、コシヒカリを多年生植物として栽培することにはなりません。現実的には、米の祖先種に還っていくことになるでしょう。米の祖先種については、長い間、議論がありました。雲南省や長江中流域などさまざまな説がありましたが、二〇一二年に、ゲノム解析によって、中国・華南のオリザ・ルフィポゴンという野生種が、すべての栽培種に最も近い祖先だということがわかりました。今では、栽培種交雑してしまって、収量が減ってしまっていますが、この祖先種を活用して多年生植物として栽培していくことも考えられます。ちなみに、米の栽培種は、八〇〇〇～六〇〇〇年前から、長江の中流域と下流域で開発されてきました。最初に、「熱帯ジャポニカ」が生まれ、その後、四〇〇〇年前に「温帯ジャポニカ」が出て、これが日本にやってきました。
最後に強調したのですが、気候変動・地球温暖化というと人類滅亡のような終末論と結びつけて語られることがあります。しかし、そんなことはないでしょう。日本の農業での対応をみても、高温耐性品種の改良など着実に進んでいます。一万年を越える農業の歴史においても、自然由来による気候変動が大きな画期になって、さらなる進歩を達成してきました。現在の人為由来の気候変動においても、われわれの農業は乗り越え、新しい時代を切り拓いていくものではないでしょうか。

（たんげ　やすし）

〈質　疑〉

―― 日本では一九九三年には冷害がありましたが、今後、そうした冷害の可能性についてはどうお考えですか。

**田家**　冷害は、一九九三年以降、二〇〇五年ころに一回ありましたが、それ以降はありません。しかし、大きな火山噴火が一回でもあると、どうなるかわかりません。ピナツボ火山の影響と一九九三年の日本の冷夏との関連については諸説ありますが、あのクラスの火山噴火が起きると、どうなるかわかりません。したがって、今のように高温耐性品種にシフトしていくなかでは、そこに隘路があると思います。

——二〇一一年の東日本大震災の取材をしたとき、地震当日は夏のような暑さの後寒くなったという話を現地できました。大きな地震と気象との関係はあるのでしょうか。

**田家**　地震と気温等の関係については、あまり想像できません。ただ、今でもそうですが、北海道の東部はものすごく気温の変化が大きいところです。そういう意味では、北日本のほうが、天気の変化は大きいのではないでしょうか。ちなみに、江戸時代の富士山の宝永噴火のときでも、東側の今の群馬県西部や神奈川県の小田原あたりで農地が被害を被った程度でした。私は、富士山の噴火が宝永噴火程度であれば、大したことはないと思っています。むしろ、浅間山のほうが、噴火による排出量は大きいのではないかと思っています。

——今後気候が変化していくなかでは、これまで通り、米作中心でいいのか、それとも他の作物に転換していくほうがいいとお考えでしょうか。

**田家**　東アジアの農業は、二〇〇〇年以上、稲作を続けてきていますので、それがサステイナブルな農業だと思います。仮に気温が上がっても、もともと米は亜熱帯の祖先種からでてきていることから、排除すべきものではないと思います。

―― 高温へは、今のところ品種対応が行われていますが、育種技術には限界があるようです。ほかに対応策はないのでしょうか。

**田家** 遺伝子組み換えによる品種改良には限界がきているのですが、米の場合、各地の農業試験場でいろいろな品種開発が行われているので、まだまだ見込みはあります。今まで、日本の米の品種改良は主に冷害対策でした。そういう意味では、これからの品種開発は新しいフェーズにあるといえるので、まだまだ開発の余地はあると思います。

―― 気候変動への対応として植物工場への期待もありますが、食料供給としての意義をどうお考えでしょうか。

**田家** いずれにしても、コストが問題になるでしょう。たとえば、うなぎの完全養殖ができたといっても、そのコストが見合うものかどうかということと同様に、垂直農業（植物工場）もコストが問題になります。大気中の二酸化炭素の直接吸収技術についても、一トン当たりのコストを一〇〇ドルからどれだけ下げられるかが課題になっています。アメリカでは、直接吸収技術の開発は主にベンチャー企業で行われているようです。

―― 日本国内での水の状況、とくに地下水の状況はどのようになっていますか。

**田家** 地下水で生活用水をすべて賄っているのは、京都と熊本くらいではないでしょうか。熊本では、半導体工場で大量の水を使うので、すべての工場が稼働すると、熊本市の市民による消費量と同じくらいの水を必要とするとされています。国内でみると、農業用水については、水田の減少もあって比較的余裕があります。日本の場合、工業用水、農業用水、生活用水のなかでも、農業用水の比率が最も高くなっていて、それだけに、水不足になると、農業用水から供給を減らしていきます。もっとも、稲作が減少していることから、農業用水に余裕が出ているという事情もあります。

――気候変動による農業被害への損失補填はどうあるべきだとお考えですか。

**田家**　農業共済制度での災害認定はかなり複雑になりそうです。農業災害としては、私の知る限りでは、台風や竜巻、大雨などで、そうしたときは明確に対象になるでしょう。しかし、気温が高くて生産高が落ちたとき、災害として認定されるかというと、今のところそうはならないと思います。また、収量とは別に品質が落ちても認定はされません。誤解を恐れずにいえば、日本の消費者が品質に対して厳しすぎるのではないでしょうか。台風が来て、葉があたってリンゴに少し傷がついただけで等級が落ちたり、曲がったきゅうりが出荷できないなど、厳しすぎると思います。

――今後、気候変動のなかでわれわれの生活環境が臨界点を迎えているのかもしれません。そこでは、これまで予想できなかったような気象災害が起こるかもしれません。どのようなことが考えられるでしょうか。

**田家**　二〇年くらい前から、ＩＰＣＣ（気候変動にかかる政府間パネル）から調査報告書がでていますが、それによると、温暖化による気候変動によって、日本では、猛暑日が増え、台風が巨大化し、集中豪雨が増えると予想されていました。当時の予想は二〇五〇年時点のものでしたが、すでに現実になっているというのが、今のわれわれの実感ではないでしょうか。たまたま昨年と今年は、エルニーニョ現象等によって、その予想を先取りしたような気象状況になっています。

――専門家が盛んに警告を出されていますが、産業界をはじめ、なかなかまともな取組みが進んでいないようにみえます。その点は、どのように見ておられますか。

**田家**　冷徹に言うと、温暖化を抑制するためには、コストがかかり、今までの生活より不便になりますが、それに甘んじなければなりません。その覚悟が必要です。一方で、温暖対策を推進する人たちは、新しい技術や新しい産業が生まれて、バラ色の経済が発展するという言い方をします。私は、そこに「胡散臭さ」を感じてしまします。私は、不便になり、コストもかかり、炭素税として税負担も増えますが、それは選択として考慮すべきことだと考えたいです。たとえば、アメリカは共和党と民主党ではまったく異なる意見です。ヨーロッパは温暖化対策の先進地域ですが、冷戦が終わった段階で、世界政治のなかで自分たちの地位を上げるために、温暖化対策を前面に出したという政治的意図がみえます。ヨーロッパが今直面しているのは、温暖化対策のトップを走り、電気自動車普及を進めたところ、今では中国製の自動車に市場を席巻され、輸入規制をせざるをえない状況になっていることです。そういう国際政治戦略のなかで、今までは温暖化対策を進めてきたが、それが今岐路に立っています。

――農業でも、先進的な取り組みや食料としてのコオロギの活用が典型かもしれませんが、今後、農業生産と食生活の乖離がますます進んでいくのではと危惧します。その点についてては、どのようにお考えですか。

**田家**　先端的な技術に限らず、先進的な取り組みについては、よく報道されます。しかし、そうした事例に関わる人は一握りであて、問題はそのほかのそうでない人たちがどのように新しい農業に取り組んでいくかが大事です。先進的な取り組みをしている人の中には、自分たちの行いこそが正しいのだといって憚らない人が少なくありません。これは、農業以外でも同じです。自分のところの製品がほかよりも優れているというのは、企業マインドとしてはわかりますが、たとえば、一人の先進的農家が頑張っても日本人全員の米を供給できるわけではありません。そういう意味では、全体のレベルを上げるようなマインドがもう少しあってもいいのではないかと思います。私のみるところ、今、先進的な取り組みをしている人たちのうちの一定の方々は、周りの人たちに対して自身の優位性をことさらに主張しているように見えます。機械製品やサービス業であればそれでいいのかもしれませんが、農業は全体像を頭に入れないといけないのではないでしょうか。それが不満です。その点、私は、農研機構の取り組みは非常に素晴らしいと思っています。研究員は常に現場に入っていますし、各地の試験場の研究者も同様です。生産の現場に入って取り組みをしている限りは、これからもいい研究成果がでてくると期待できます。あえていえば、消費者に向いた研究開発への取り組みももう少しあってもいいのではないかとも思います。今では、品種改良は農業試験場でしか行われていなく、農家が自前で育種できるだけの体力は持てていません。農業試験場にはもっとテコ入れすべきでしょう。

（二〇二四・九・一三）

# 異常気象下の農業生産現場 ——ゼロからの出発

有限会社木之内農園 代表取締役会長・東海大学 熊本キャンパス長
**木之内 均**

## はじめに

私は川崎の非農家の生まれでしたが、小学校のときから、農業がやりたくて、熊本の東海大学農学部の第一期生として入学し、卒業しても熊本にそのまま残っております。現在、三つの農業法人を中心に、イチゴの施設園芸と加工の木之内農園、山口県の「株式会社花の海」では、接ぎ木苗などの苗ものを育てていて、農業法人協会の初代会長を務められた坂本多旦さんの船方農場と共同で出資して、若い人材も育成しています。現在、一八ヘクタールの農園を山陽小野田市の干拓地につくり、パートさんを含めて約二五〇人が働いています。会社としては、熊本の木之内農園より花の海のほうが大きく、私は株主としては一番多い株をもっていますが、山口に常駐できないので、相談役としてかかわっています。もう一社は「くまもと阿蘇県民牧場株式会社」で赤牛の繁殖を中心に行っている会社です。

熊本地震が八年半前（二〇一六・四・一六）にあり、阿蘇にある東海大学農学部に通じる橋が崩落しました。当時、私は県の教育委員長をしていたこともあって、大学の立て直しにかかわりました。自分の農園と大学の震災からの立て直しをやっているうちに、東海大学で学部長を務めるようになり、今はキャンパス長を仰せつかっています。そうはいっても、もともと学者ではなく、どちらかといえば、農業実業家としてやってきました。

震災の後、我々の地区の農業用水路が崩壊し農業用水は通っていませんでした。震災の復興では、当然生活インフラが優先されるので、農業用水は後回しでした。中山間地域なので水路を直すのにも、大きな時間と労力がかかります。そのため、全面的に水田に水が来たのは、昨年の四月で、まる七年かかりました。高齢化に加え、そうしたこともあって、農地が荒れてしまうことが心配でした。息子が園芸ではなく、黒牛の繁殖を始めていましたので、県民牧場をつくって、財界の方に出資をしてもらい、牛を飼えば、地域の田んぼにある程度牧草をつくれると考え、少しでも農地を維持しようと考えました。蒲島元知事に名誉牧場長になっていただきました。

そのように、三つの会社をもちながら、自分自身でも三〇頭の赤牛を繁殖していて、子牛まで入れると六〇頭くらいになります。毎朝五時に起きて、面倒をみてから、大学に行っています。かなり風変わりな大学教員かもしれません。

私は気象の専門家ではありません。飛行機のパイロットの免許をもっていて、今でも自家用機で飛ぶことがありますので、航空気象についてはそれなりに勉強しました。ただ、農業気象について学術的に分析しているかというと、そうではありません。今日は、農業生産現場で、私が思うことをお話させていただこうと思います。

## 地域農業と気象

私はＮＰＯ法人を運営していて、二五年で非農家の人たちを一六〇人ほど、農業に就けています。研修の座学で農業気象を教えるときの、冒頭の言葉です。「高温多雨な日本の気候は海に囲まれた海洋性気候であり温帯を中心にした地域に属し、さらに日本列島の各地域の中央に山脈がそびえる地形であることが様々な農業の地域を作り上げている」。飛行機で飛んでいるとよくわかるのですが、大陸の気候と違って、日本では数十キロ飛んだだけで、急に気候が変わります。日本列島の地域の複雑さをしっかり理解したうえで、自分の農業地帯がどういうところにあるのかを考えないと、農業はできません。気象を知らずして日本の地域農業を語ることはできないということを、最初に研修生に言っています。

これは、阿蘇地方における気温の変化を体感で会得して作った基準です。農場がある標高四〇〇𫝉《メートル》のこの地域で、自分たちが体感として、二月中旬には、そろそろ春の変化の兆しがあります。たとえば、フキノトウが少し頭を出し始めたり、畑が少し青く見え始めます。草などが動き始めるときです。阿蘇には厳寒期があり、一二月の後半から二月中旬までは、まったく動きのない状態です。これが、熊本市内になると、一月中に草花がある程度動いています。そういう違いがあるのです。そして、梅の花のつぼみが少し膨らむと、メロンの種を蒔きます。この体感的な兆しを感じてから蒔かないと、発芽が悪くなります。もちろん、正確に温度を測ってもいいのですが、体感としてみることが先代がやっていたことなのです。三月一〇日に、日差しの変化が起きます。阿蘇でも、日の強さが変わったなという感覚が、瞬間的にあります。ここで、メロンの定植をしないと、生育が遅れます。昔は、四月一〇日には霜が終わり、六月一〇日から七月二〇日までは梅雨です。ヒグラシが鳴いたら、だいたい一週間で梅雨は明けます。梅雨が明けると同時に猛暑となりますが、阿蘇では、八月一五日を境に気候がまったく変わります。さらに、八月二〇日ころになると、秋の兆しがきて、秋雨前線が停滞し、また気候が変わります。阿蘇では、八月一五日の二、三日前にハクサイの種を蒔かないと結球しません。一〇月二〇日から二五日には、初霜が降り、厳しい寒気が一二月からやってきます。ただし、これらは昔の話で、今ではこれらが一か月ずれています。

今は、一〇月二五日に初霜が降りることは、私がいる標高では考えられないくらいなくなりました。かつて教えていた気候感覚自体がずれてきていて、それを農業者自身がどう感じ取って、農作業をやっていくかというところが大事になっています。多くのデータを処理することはＡＩの得意とすることですから、ＡＩでやれば簡単にできるとは思いますが、わざわざ機器を買って、お金をかけて、データ処理をさせるよりは、自分たちの感覚でやっていったほうが早いでしょう。

昔から、作物の南北境界線がいわれています。たとえば、ミカンの北限、リンゴの南限は、だいたい神奈川県の湘南あたりだといわれてきました。この境界線が、間違いなく北に上がってきています。ミカンの北限は東京の町田あたりまで上がっているのではないでしょうか。私の小さいころ、町田の実家の庭にミカンの木がありましたが、すっぱくて食べられませんでしたが、今では町田でもとてもいいミカンができるようになりました。小学校のときから農業をやりたかったので、庭にさまざまな植物を植えていて、学術的にデータをとっていたわけではありませんが、観察をしていたので肌で感じていました。そのなかで、標高差によっても温度帯が変わってきていることをつくづく感じています。

## 地球規模でみる気候変化

気象庁の世界の平均気温のグラフで、一八〇〇年代、一九〇〇年代と比べてみると、そのころから一℃以上上昇していることがわかり、とくに急激に上がっているのが、この数年です。北半球での温度上昇が激しいのですが、なかでも特定の地域で急激に上がっていることがわかります。間違いなく人間の活動が原因だということです。一方、南半球では北半球より大都市が少なく、工業地帯も少ないことから、温度上昇が比較的少ないとみられています。赤道を挟んで貿易風と偏西風のため、主に両半球の中で大気が循環するので、両半球での違いがでてきているとみられます。もっとも、海流は大気より両半球にわたって大きく循環しているので、総合的にみるとどうなのか、それが農業にどういう影響を与えているかという問題は研究者にお任せしようと思います。

　私は学生時代、ブラジルの小野田寛郎さんの牧場があったところに、一年半ほどいっていたことがありました。小野田さんの牧場は一五〇〇ヘクタールぐらいでしたが、その横で三〇〇〇ヘクタールの牧場開発をしていました。セラードといわれる地域ですが、当時は、船舶の錨鎖に使われるような大きなチェーンを大型のブルドーザーで引っ張って、木を根こそぎ倒し、整地していました。土がまだ肥えている一年目に米を蒔き、二年目には大豆を蒔いて窒素固定し、三年目に牧草を蒔きます。三〇〇〇ヘクタールというと、たとえば阿蘇山から見渡したときの水田すべてに匹敵するほどの膨大な広さです。その面積を一つの経営でやるレベルの農業でした。そんな農業開発の経験をしましたが、今考えてみると、環境に悪いことをしたなと感じています。最近訪れてみると、現地のみなさんが口をそろえて、気候がおかしくなって作物が穫れないと言っていました。アマゾン川の水位がずいぶん低くなっている様子が日本のニュースでも取り上げられていました。雨季と乾季ではもともと一〇メートルくらいの水位の違いはありましたが、これほどひどいことはなかったように思います。そうかと思うと、イグアスの滝がある中部では、雨が続くと洪水になり半年も水が引きません。

このように環境が非常に悪化しているため、今では、一〇〇〇ヘクタール以上の農場主に対して、無条件に所有農地の一割に植林をすることを法律で義務付けました。しかし、お金がかけてやっと切り拓いて畑を作ったところに木を植えたのでは採算が合いません。そこで地主達が考えたのが、誰も見向きもしなかった山岳部などの森林地帯の土地を買うことです。そこを経営面積に含めれば一割以上の森林面積を確保でき、法律をクリアできるわけです。そのため山岳部の荒地の価格が高騰するという現象を生みました。中国でもかつて大規模農場をつくってきましたので、今いろいろな問題が起きています。世界中で問題が起き始めているのです。地球規模で異常現象があることは事実で、今後もこういうことが続いていくと、大規模ばかりでなく小さい規模の農業もうまくいかなくなります。個人農家が対処しようとしても、そのレベルを超えてきているというのが、農業現場を歩いているなかでの印象です。

## 気温上昇下の農業現場

都市のヒートアイランド現象の影響もあるので、少し極端に出ているかもしれませんが、気温のデータをみると、今年の八月の気温は異常でした。農村はそれほど極端に上がってはいないと思いますが、都市がヒートアイランドになれば、農村もその影響を当然受けます。ゲリラ豪雨が増えていることは、町の中にいるみなさんも感じていることだと思います。都市にちょっと雹や大雨が降ると大騒ぎをしますが、農村に大雨が降っても、あまり報道もしてくれません。災害が起きても同じです。能登地震でも、報道は都市部に集中します。農村は後回しになって、復興にはさらに時間がかかり、高齢化している今の農業の状況では、再建をあきらめる人も多くみられます。

気候変動の影響については、いろいろな農業者の話が耳に入ってきています。もっとも、マイナスのことばかりではありません。九州では熊本の平坦部が三〇年前にはイチゴづくりの一番の適地でした。ところが、標高四〇〇メートルの中山間地域のわが農園のあたりのイチゴが一番出来が良くなってきました。なぜかというと、花芽をつけさせるための夜の低温も確保できると同時に、温暖化で冬の暖房費もかからなくなったというメリットもあります。また平坦部では、四月〜五月の高温で品質が落ちますが、われわれの地域では夜温が下がるので、長い期間にわたっていいイチゴが穫れます。一方、平坦部の産地は猛暑によって苗生産が大打撃を受けました。中山間地域はもともと条件がイチゴに合わないため、栽培面積もそれほどなく、生産者も少ない。そこが栽培適地になったところで、供給の全体量としては減少してしまいます。そのため全体相場も多少上がっています。

阿蘇では、一〇年前までは、クーラーをつけている家はほとんどありませんでした。夜は窓を開けていれば、暑くて寝られないことはなかった。しかし、とくにこの四、五年は、クーラーがないと寝られません。この状況での苗づくりは非常にたいへんです。もともと、イチゴは寒いところに適している作物ですから、寒さには強い植物で、夜温が下がってくれさえすれば、病気も出にくいのです。しかし、熱帯夜が続くと、炭疽病などの病気がでてきます。栽培する品種も変わってきていて、苗作りが露地でできた「とよのか」のような品種ではなく、最近の品種は立生の大玉ができる品種に変わってきています。こうした品種は、苗が雨除け栽培のためにハウスを使いますが、ハウス内の温度が上がりやすく苗栽培が難しくなっています。このように、苗がつくりにくくなってきていて、とくに今年は、苗がまったく足りない状況になっています。山口の農場「花の海」では苗を毎年何十万本とつくっていますが、今年八月中には早々と注文をお断りしました。それでも、各産地からは、品種は何でもいいから苗はないかと、多くの注文が入ってきていました。

　稲も品種の変更が激しいようです。以前、阿蘇ではすべての地域でコシヒカリを植えていました。しかしこの一〇年で、コシヒカリは全体の三割程度に減りました。温度が高くなったため、乳白米が発生し、収量も上がらなくなりました。今でもコシヒカリをつくっているのは、阿蘇カルデラのなか、四五〇〇《ヘクタール》のうち、標高五〇〇《メートル》から六〇〇《メートル》ある標高の高いエリアだけになりました。県でも品種変更を進めようとしているようですが、気候変動の速さに品種改良のスピードが追いつかず、後手に回っているのが実情ではないでしょうか。北陸、東北でも、これまでの品種の米が穫れにくくなったという話が多いようです。逆に、北海道の旭川は一大米地帯になりました。農業者の中には、北海道にチャンスが来たという人もいます。もちろん、北海道での品種改良の成果もあるでしょうが、気候自体が適地になってきたのだと思います。

山形のサクランボ農家は今年は三割減だといっています。サクランボは春に花が咲いて六月には収穫できますので、夏の暑さが収量減の原因ではありません。むしろ、寒い冬があって、だんだん暖かくなっていけばいいのですが、低温の状況と温度の高い時を繰り返すなど気温の急変が不作の原因のようです。

実は、九州でも、年に二、三回は寒波がくることがあり、無霜地帯といわれた天草でも凍るほどの寒波がきたこともありました。柑橘類のなかでもとくに晩かん類は、実が木になったまま強い寒気にあたると、中身がスカスカになってしまいます。デコポンなどに大きな被害がでます。気温の上下が激しいことが問題になるのです。冬が短く、春が早くきて暖かくなって、花が早く咲き、その後に強い寒波がきて霜が降りると、被害が拡大します。サクランボやリンゴにもそうした傾向があります。また夏の猛暑は収穫できても実は太らないので、いいものが市場に出せなくなります。私が知っている農家には、自分で顧客にいいものを直接販売してきた農家が少なくありませんが、品質が低いものは送れないといっています。販売の工夫をして頑張ってきた農家のほうが悲鳴を上げているのです。

熊本には荒尾ナシの産地がありますが、今年は玉太りが悪く、表面の日焼けが続き、ここ三年不作が続いているうえ、高齢化もあって、もう続けられないと言うナシ農家が増加しているそうです。

この地域では、三割くらいの農家がやめるのではないかといっていました。気候さえ安定していれば、果樹というのは比較的高齢でもできるのですが、三年も不作が続くと、もうやめるという人が急激に増えるそうです。雨が少ないと糖度は上がるのですが、実が大きくならないため収量は減ります。リンゴ農家のなかには、量が少ないだけに相場が比較的高くなって、少し救われたという農家もいますが、全体的には収入は落ちています。ナシ農家のなかには、気候が不安定になったので、早くからブドウやキウイに切り替えた人もいて、そういう人たちは少し延命できるのではないかとみられていますが果樹の場合は、植え替えに何年もかかりますので、長期にわたって先を見て対応していくことが求められます。

今年の夏は、着果不良で夏秋型のトマトが不作でした。三〇℃以上の夜温が続くと、花粉が粘性を失って受粉せず変形果になったり着果しなくなりします。農家に聞くと、極端な温度変化がいけないといいます。

九州では、梅雨時、曇天が続き、気温はあまり上がりません。そのかわり、湿度が高いことによる、病気の恐れがあります。しかし、その対処は、農家はある程度積み上げてきています。一か月ずっと曇天が続くより、ときどき晴れることがあるほうが、病気のリスクは小さくなるのですが、一番困るのは、梅雨が明けたと同時に晴れが続くときの高温のレベルが昔とは違うことです。人間でもそうですが、空調が効いたところからいきなり外に出ると体に不調をきたします。作物も同じで、急激な高温への変化に対応できません。もちろん、遮光などの対応策はありますが、夜温が高いのはどうしようもありません。ブドウでも、着果不良をおこしたり軟果玉ができてしまいます。

とくにベビーリーフやホウレンソウなど葉物は、もともと寒さに強い作物ですから、夏の高温は相当な影響を与えます。雨除け栽培をしているので、ハウス内の温度を下げるのに非常に苦労しています。作物への影響ではないのですが、熱中症にも要注意です。我が社では、農業をずっとやってきた七〇歳代の方々が最も仕事に慣れていて、一番の戦力です。今の学生や若い人はあてになりません。働き方改革ばかり主張して、根性を入れて農業をやろうという人はずいぶん少ない。体が対応しないのか、よほど体力のある人でなければ農業は務まりませんが、そういう人材が農業に就くかどうかは難しいでしょう。あてにしているのは、七〇代に入ったくらいの人たちです。そのおばちゃんが、休憩しているときに意識がなくなって倒れてしまい熱中症でドクターヘリで運ばれました。無理をしたのかもしれません。幸い、数日の入院で済みましたが、さすがにまた働かせるわけにもいきません。このようなことがあり、働いてくださる方々への、暑さ対応を考えていかなければならなくなりました。

熊本の秋野菜としては、菊陽ニンジンが有名です。ニンジンは昔は夕立をあてにして種を蒔いていましたが、今では、スプリンクラーのある畑でないかぎり、ニンジンはつくれません。シーダーテープを使えば、吸水性もあり、発芽の不揃いも少なくなりました。しかし極端に雨が降らなかったりゲリラ豪雨がたたきつけたりで、不揃いになることが多くなり潅水できる設備のある畑でないと、ニンジンをつくれないほど天候が変わりました。夕立があっても昔のように優しく降るわけでもありません。また、昔は、あの山に雲がかかるとそろそろ雨が降り出すというように、地域の人はわかっていましたが、今では天候の変化が激しくて、播種にも苦労しています。

畜産については、乳牛の夏バテによる乳量の減少やニワトリの産卵率の低下がいわれています。蚊が媒介するヒツジのウイルスのように、今までなかったような病気が発生するようになりました。そういうことが、確実に増えています。豚コレラの拡大は、イノシシが広範囲に活動するようになったことによるともいわれています。中山間地域の農業を辞めていく人が増えると、イノシシがどんどん出てきています。

ジャンボタニシは、かつては阿蘇では越冬できませんでしたが、最近では私の農場あたりでも卵をみかけるようになり、生息エリアがかなり広がっています。こうした外来生物種による水田の被害がでていて、阿蘇の水田農家はこれまでジャンボタニシへの対応策など考えたこともありませんでしたが今後は対応しないといけないかもしれません。また、害虫の越冬率が上がり、生息域が拡大していて、研究者にきくと、南の方からつぎつぎと今までいなかったはずの害虫が侵入してきているようです。そうした昆虫を媒介にする病気も増えています。阿蘇では、害虫のなかでも、とくにカメムシが異常に増えています。以前は、稲の消毒に殺虫剤を使うのは、一〇年に一回くらい、秋にウンカがでたときくらいでした。それが今では、平坦部では消毒しなければ、品質が落ちてしまい、収量も下がるそうです。かつての阿蘇では減農薬で農業ができていたのですが、今では常に病害虫に注意をしていなければなりません。このように、今までいなかったような病害虫への注意を意識しないと、農業ができなくなっているのが、現実です。

昔は、「日照りに不作なし」が定説でした。雨が多くないぐらいのときは不作にはならない、干ばつくらいでちょうどいいといわれていました。今は、それが通用しなくなりました。日照りがあれば日焼けをしてしまいます。農水省のガイドラインによると、一七℃くらいに夜温が下がらないと、品質低下を起こすとしています。トマトでは、今年の九月の収量が六割も減ったという報告もきいています。こうなると、市場でせっかくいい値段がついても出荷するだけの量ができないので、経営にものすごく響いてきます。

農水省は、あと一〇年、二〇年のうちに、産地の移動と変化を予想していて、警鐘を鳴らしています。しかし、農家の高齢化と後継者不足を考えれば、現在の適地がなくなることとともに高齢化の進展が相乗効果となって、農家減を引き起こし、産地崩壊が起こっていくでしょう。そうした動きが、この一〇年の間に急激に起きるのではないかと思っています。高齢化プラス異常気象が非常に問題だということをわかっていただきたいと思います。正直にいえば、われわれ農業者は自分の食べるものをつくるくらいは簡単です。収量がどんなに減ろうが、私のように何十㌶も農業をやっていれば、自分の食べる米と野菜をつくるくらい、たいしたことはありません。食料危機がきても、われわれ農業者はなんとかできますが、ほんとうに困るのは都会の人たちです。農業を軽んじて、金を稼ぐことが中心の方々が、いずれ大変なことになる可能性は大いにあると思います。

## 異常気象が農業現場にもたらすこと

異常気象は、日本よりもむしろ大陸諸国でのほうが深刻な状況のようです。一〇代のころから五〇代前半に大学にでるまで、世界三七か国でいろいろな形の農業をみてきました。その経験から見ると、日本のような海洋性気候の地域より、大陸のほうが間違いなく顕著に異常気象問題が出ています。異常気象を世界的なレベルで見て、農業がどうなっているかに着目する必要があると思います。

たとえば、異常な気象の影響としていわれているのが、酪農です。佐渡の酪農家の話ですが、乳量がたった〇・二一トン減っただけでも、乳価が大変なことになるとしていました。気象とは関係ありませんが、熊本県では、半導体工場の進出で農地が奪われ、酪農家が危機に陥っています。

降水量の変化も重大です。日本全体として、平均降水量は今後もそれほど大きくは変化しないと考えられていますが、問題なのは、局所的に降る降水で、これが非常に問題になるとみています。まさしく、温暖化によってゲリラ豪雨のような集中豪雨が増えることが問題です。

なお、私が小さいころは、大気汚染による公害病が騒がれましたが、今ではだいぶ改善されたものの、まだまだの部分もあります。北京は、一〇年前くらいに比べればきれいになっていますが、インドネシアやインドでは、まだまだ大気汚染問題は終わっていません。なお、海水温の上昇によるサンマの不漁に加え、サケも不良だといいます。函館にいったときに、サケの水揚げをみるホテルの早朝ツアーに参加してみたら、定置網漁でコンテナにたった二杯しかサケが揚がりませんでした。やはり、一次産業の現場の人が一番困っているようです。こうした、現場の様子から気象の変化をとらえることが大事です。単に、夏が暑いだけの問題ではないようです。ちなみに、気象帯についていえば、西日本あたりまでは亜熱帯で、沖縄と同じ気象帯に入ったようです。かつて温帯に属していた九州も亜熱帯の気象になって、秋と春がなくなっていて、夏からいきなり冬がきます。秋と春をきちんと意識してつくっていた農作物はつくりにくくなっているのです。

またわれわれが現場で一番気にするのが台風です。かつては、貿易風から偏西風に乗ってくるため、おおまかな進路を予想できましたが、今では進路予測も難しく、三年前には瀬戸内海を東から西に移動した台風がありました。今までであれば、まったく予想できなかった進路で、かつ規模が大きくなっています。とくに、海水温が二七℃以上で、台風は発達します。台風がきたら飛行機は格納庫にしまっておけばいいのですが、農業はしまうわけにはいきません。台風進路の予測がしにくいために、準備をする労力が大変です。

私は、あるコラムに、台風のときに現場に行っていない人は経営者として失格だと書いたことがありました。そうしたら、農水省から、台風のときは危ないから家の中にいるように訂正してくださいといってきました。しかし、そんなことをしていたら農家は潰れます。もし、鉄骨ハウスが潰れたら、その修復には莫大なお金がかかります。だから、ぎりぎりまで現場で様子を見ていて、これ以上は無理となったら、固定テープを切ってしまいます。早くにビニールを外してしまうと、中の作物が風雨に長くあたって回復不可能になります。都会のサラリーマンは、台風がきても、収入にあまり影響はないでしょうが、私は台風で数千万円の損害を受けたことがあります。私は、新規参入で農業を始めてから、五年の間は台風に遭いませんでした。そのおかげで、成功したと思っています。もし、スタートラインで台風に遭っていたら、今はありません。自営業でやっていくには、そうした厳しさがあります。役所はさかんに働き方改革を唱えますが、農家は自営業ですから関係ありません。なぜなら、サラリーマンではないのです。

ほんとうの意味で農家を救うためにすべきことは何か。私は、大規模がいいとか小規模が悪いとかをいうつもりはありません。日本の農業では、家族経営は守らなければいけないし、地域を守ろうとする農業も必要です。六次産業化もあるし、経営体としていろいろなパターンがあってもいい。棚田もあっていいし、いろいろな形の農業のなかで、すべての農業者、農業を日本国民が皆さんで大事にしなければいけないと考えています。これが私の持論です。

また、近年、とくに重要視されているのが線状降水帯です。長崎大学と九州東海大学が共同で、線状降水帯を感知できる特別なレーダーをつくって、モニターしています。これは、線状降水帯の発生を予測できるようにするためのものですが、まだまだ不確定要素が多くあります。人吉の水害では、線状降水帯の発生が大きな被害を生みました。家屋が流されたり、町全体が浸かったと報道されましたが、水に浸かった田んぼはどうしようもなく、こうした農業の被害についてはあまり報道されません。農家の方々はほんとうに苦労しています。農水省の補助金があり、ボランティアの方々も農業現場にも入るようになっていても、痛手は大きいです。最近、技術的に線状降水帯の探知ができるようになったことから、その発生件数がかなり増えていて、日本中どこかで線状降水帯が発生してもおかしくないのです。線状降水帯の被害は都市部以上に農村でも大きくなっています。

## 気候変動への農業現場の対応

気候変動に対処するには、当然、品種改良が必要で、われわれ農家だけでは無理です。行政、試験場、大学、種苗会社も皆が協力して行うべきです。しかし、そのスピードは気候変動に追いついていません。加えて、普及センターや農業試験場では、人員削減がどんどん進んでいて、気候に大きな変化があっても、試験研究面での手薄さが影響して追いつきません。適地適作という面では、農業者自身も技術の研究に努めなければなりません。ただ、農家は地に足をつけて仕事をしていますので、それまでやってきた作物を大きく変えることにはなかなか抵抗も大きいです。それだけに、客観的に広い視野から物事をみているジャーナリストの皆さんやＪＡ指導員の方々に、適地適作や産地の移動について議論していただき、発信していただけたらと思います。

かつて、連作障害のため「産地は一〇年で変わる」といわれていましたが、今では、気候変動にしたがって産地を変えていくときにきているのではないでしょうか。とくに大規模な農業法人を含めた、ビジネスとして農業をやっている人たちほど、長期予想にたった経営方針の検討が大事です。ユニチカのような大手繊維会社が繊維事業から撤退する時代ですから、われわれ農業者も新たな目線による意識改革が必要になります。そういう意味では、ＡＩをはじめとするスマート農業技術などの新しい技術を使って、気候変動を解析していかなければいけないと思っています。

（きのうち　ひとし）

〈質　疑〉

——お話をうかがっていると、高齢化と異常気象によって日本農業は壊滅するのではないかと思ってしまいます。

**木之内**　一番の問題は担い手がいないことだと思います。考え方としてはお金さえかければいくらでもスマート技術を使えるかもしれませんが、それが問題の解決に追いつくことはとても考えられない。しかし、スマート技術の研究は続けるべきです。一方、高齢化でもう農業をやめようかと考えている人に、この異常気象が拍車をかけているという印象をもっています。あと五年は続けられると思っていた人が、もう今年でやめたい、あと三年は続けようとしていた人が今年でやめたい、こういう現象がものすごく顕著にみえている気がします。

――　熊本県は屈指の農業県ですが、今後、気候変動の影響がもっとでてくると思われますか。

**木之内**　かなり大きい影響がでてくると思います。柑橘類では、日焼けなどいろいろな問題が思った以上にでています。また、線状降水帯などを原因とする集中豪雨によって、まさかと思われていたところも崩れることがあります。こういうことが続くと、あきらめモードになってきている農家がでてきているようです。かつて、熊本は台風の常襲地帯でしたが、ここ数年は台風の進路をはずれることが多かったように感じています。二〇年ほど前のことですが、千葉の農家の方から、千葉で農業ができない人は世界中どこでもできない、台風もこないし、水もあり、天候も安定しているから、といっていました。ところが最近では、千葉に台風が来襲することが増えてきています。台風に遭うことは偶然だとは思いますが、あまりに大きな気候変動のなかで台風のコースなども予想がつきにくく変化しているように感じます。

――収入保険や農業共済は、気候変動に適切に対応していると思いますか。政府の対応に改善は必要でしょうか。

**木之内**　収入保険には、一定の効果はあると思います。ただ、加入率がそれほど高くないので、それですべてが救われるというレベルになっているかというと、一般の地震保険と同程度ではないでしょうか。農業施設共済は、被害に対する一部補填なので、ないよりはましですが、ほんとうに大きな被害を受けたときに、経営を立て直すのに十分なものにはなっていません。国の激甚災害の指定を受けられれば補助金があるので、かなりの復旧は可能です。しかし被害が局地的で、人命を損なうまでのことがなかったときには指定が受けられないので、補助金も受けられません。国の制度には感謝していますが、それで解決するほどではないかと感じています。

――品種改良、とくに米についてはどうお考えですか。

**木之内**　米については、各県で一生懸命に取り組んでいるようです。独自の銘柄米をつくろうとしているので、それが品種改良にもつながっているのではないでしょうか。とくに東北や北陸では、かなり早くから取り組んでいるようです。ただ、品種改良には非常に時間がかかりますので、気候変動に必ずしも追いついているわけではありません。最近、熊本県の農業試験場が新しい品種を開発しましたが、まだ農家に浸透してはいないようです。農家は用心深いので、たとえば篤農家がこれはいいと評価しないと、なかなか広がりません。まったくの新品種を導入するより、むしろ既存の品種の中で、少しでも暖かい気候に向いたものに植え替えていく対応をとる傾向が強いでしょう。いずれにしても、米の品種改良は行政が主導していくのではないでしょうか。

――気候変動と食料安全保障の関係については、どうお考えでしょうか。

**木之内**　食料安全保障の面では、むしろ外国との関係や為替が問題だと思っています。たとえば、現在、外国のオレンジ産地が凶作になっていますが、プランテーションなどのように大きな面積で耕作しているところに気候変動は大きく影響します。日本は食料輸入国だからこそ、その影響を受ける可能性は高いと思います。そうはいっても、ウクライナで戦争が続いていても、日本国内で食料価格が多少高くなっているものの、スーパーに食料がなくなったわけではありません。しかし、世界中で農業者は減っています。とくに途上国の農業人口はすごい勢いで減っていて、先進国でも農業者が増えているところはありません。その一方で、人口は増えているのです。そのように歯車が狂ってきていて、どこかで爆発するように一気に顕在化するとき、日本にとって大きな影響があるでしょう。そのときに対応できるだけの食料生産基地を維持できているかどうかが、根本的な課題ではないかと思っています。

―― サクランボのように、経営を北海道など他の地域への移動している作物はほかにもありますか。

**木之内**　山形のサクランボ農家を何軒か知っていますが、具体的に北海道までいってやっているという人はまだ知りません。ただ、大型の法人で、息子さんを北海道にいかせて、そこでサクランボをつくろうかという話は聞いたことがあります。今の場所での生産をまったくやめてしまって、移転するということではなく、あくまでリスク分散の意味ではないでしょうか。本州の経営者でも、北海道でジャガイモをつくりはじめている人もいるようです。また、熊本の大きな養豚農家のなかには、宮崎や大分に農場をつくっている人がいますが、これは、気候変動対応というわけではなくて、伝染病などの経営リスクの軽減を狙ったものだと思います。大型の農業法人では、こうした動きが徐々にでてきているようです。

―― 頻繁に発生するようになった集中豪雨への対応策はありますか。

**木之内**　局所的な豪雨はけっこう痛手になります。竜巻による被害もけっこうありますが、局所的な被害なので、大規模災害の指定を受けられません。そういう意味では、局所的に被害を受けると運が悪かったと思うようになります。立ち直るのにもの大きなエネルギーが必要になるので、こういう場合でも、政府で対策してくれないかなとは思います。とくにダウンバーストについては、積乱雲のある場所などを常に気にしていなければなりません。風は目に見えないので、非常に気になります。雲が上昇する速さなどをみていると、だいたいは予測できます、しかし、畑は逃げるわけにいきません。

――米の品種改良で、とくに積極的な県はありますか。米の品種改良は都道府県単位で進められてきたことが多いと思いますが、国全体で取り組んでいこうという動きはないのでしょうか。

**木之内**　各地域での米の品種改良について具体的に知っているわけではありませんが、庄内産地を抱えている山形県をはじめとする東北や北陸が積極的ではないでしょうか。米に限らず、品種改良を含めた農業の試験研究は各県が独自に進めているようですが、これは、地域の銘柄米を求めてきた結果なのかもしれません。これだけ農業者が減っているにもかかわらず、農研機構を除けば、試験研究に関する全国横断的な動きはあまりみられません。とくに産地側がそういう動きについてこられていないように見え、まだ、「わが産地」という意識が強い。農協の合併が進み、以前よりは広域での取り組みへの意識がでてきましたが、JAごとの競争がまだ激しく、共に取り組むことが難しいのではないでしょうか。たとえば、いい米が穫れるところほど自分で販売を手掛けていたり、ほかとは一緒に集荷されたくないといった意識が働き、結局ＪＡが集荷できる量が少なくなっています。

――気候変動によって、新たな病害への対応が求められるようになるといわれましたが、それは、政府の「みどり戦略」のねらいに逆行するのではないかと思われます。これについては、どうお考えですか。

**木之内**　現況のままで農業を進めていくのであれば、「みどり戦略」は絵に描いた餅だと思います。その考え方の方向性はいいのですが、現実を考慮していません。政策は、「みどり戦略」をいう一方で、大型化してアメリカ型の農業を推進しようともしています。もともと、アメリカでは、たとえばコロラドの砂漠にフーバーダムの水を引いてきて、それまで何百年も草も生えていなかったけれども肥えている土地で作物をつくりはじめました。そういうところでは害虫も雑草も出ません。このようにアメリカの農業と日本の農業とは全然違います。同じように、無農薬で農業ができる場所は日本にはありません。日本で無農薬農業をやるのであれば、大規模戦略とはまったく逆のことをしなければならないと思っています。たとえば、家庭菜園をやりたい人たちへの農地の貸付はすべて解禁したほうがいい。今、都市の人たちは、食料や環境への漠然とした不安をもっています。彼らがちょっと農業をやろうとしても、農地法の壁にあたり手軽にできる場が用意できませません。そういうものを認めて、小さい農業をもっと大事にしていく戦略を徹底的にとって、そのための地域もきちんと決めて無農薬生産をしてもらえばいい。いろいろな政策を絡み合わせて見直していかないと有機農業は進まないと思います。

また、兼業では農業に新規参入できないとされていますが、専業から兼業になった農家はずっと農業者でいられるのに、なぜ新規参入者は兼業ではだめなのか。これは、矛盾しています。これだけ、人が足りないといっているのに、そこは変えようとはしない。農業をやる人材自体の多様化を含めて、広い意味で農業をどうしていくかを考えていかなければならないと思います。そうでなければ、「みどりの食料システム戦略」はいったい誰がやるのかということになりかねません。優良な事例地域をモデルにして、それを全国に広げようとしても、そう簡単ではないと思います。

——気候変動に対応していくためにも、農業や社会の基本的なあり方を考える必要があるでしょうが、そうしたあり方を変えていくにはどうすればいいとお考えでしょうか。

**木之内**　私は政治家でも行政職員でもなく、大学教授ですので、あえて言えば、この社会はなるようにしかならないと思っています。人の力で変えていくのは難しい。私は「農業バカ」ですから、今では自分の家族と関わってきた人が食べられるような、その土台をいかにつくるかを考えています。

私は、外国でいろいろな経験をしてきたなかで、食料危機の本当の怖さを知っています。

あるとき、九州の知事会でこんなことをいったことがあります。「そう遠くない日に食料危機がくるでしょう、そのときには関門橋を爆破しましょう。九州だけでも食べていける」と。そのくらい思い切った考えでいかないと、食料危機を乗り切れないと思います。私は、まったく無一文から始めて、今では三六㌶をもって、ここまでやってこられました。今、考えているのは、水のある島で、耕種と畜産を循環型でやっていくことです。人間は「足るを知る」でいいんです。ベンツにのって、プライベートジェットをもっていても、何が幸せでしょうか。まず、食料です。水があって、きちんと循環できれば、燃料は別にして、なんとかやっていける。コンピュータや車がなくても困りません。そんな理想の場所をつくれればいいなと思っています。そう考えるくらい、究極の状況の一歩手前の時期にきているのではないかと肌感覚で思っています。たいへんな時代になっていると思います。

このように考えるようになった最大の理由は、小野田寛郎さんとの出会いでした。四〇年前、小野田さんがこういっていました。「最後に自分で食える奴が一番強い」と。ジャングルの中で何年も生きてきて、でてきた方の言葉です。それがどういう方法で実感できるかは別にして、そのくらい食料が大事なんだということを、あまりにも今の文明社会の人は軽んじていると思います。

――世界の中の日本の位置を考えると、日本は、アジアモンスーン型の農業を進めたほうがいいとお考えですか。

**木之内**　高温多雨の中では、稲作が一番向いていると思います。パンを食べたいのもわかりますが、パンの普及も、もともとはアメリカの食料戦略によるものでした。基盤整備を含めて、莫大な資本を水田に投下してきていることもあるので、原点に返って、水田の活用を考えるべきです。イタリア料理、フランス料理もいいでしょうが、水田をきちんと守っていけばいい。昔のように、お米と漬物で食事をしていれば、食料自給率ももっと上がるでしょう。現代の日本人がそうなれるかは別ですが、このベースをしっかり構築したうえで様々な農業を上に載せて開発して行く分には根本的な食料自給率を気にしなくてもいいのではないでしょうか。しかし問題は、後継者であり、そこで農業をできる人材がいるかどうかです。また農業に対する国民理解をしっかり作り上げて行くことも最も重要だと思います。農業は適地適作には逆らえません。多様な農業があっていいのですが、これだけの水がある日本では、やはり稲作を中心に考えることを避けては通れません。

（二〇二四・一一・二九）

# 新潟県におけるコメの高温対策と流通の課題とは

新潟大学農学部教授　山崎　将紀
新潟大学農学部助教　伊藤　亮司

今回の研究会では専門の異なるお二人に登場頂き、それぞれの立場で新潟県の稲作について複眼的に報告頂いた。

**【伊藤報告】**

私の専門は農業経済学で、「お酒とお米の経済論」と自称しており、新潟県の農業のウォッチャーを始めて二四年目です。新潟以外の他県のことはまったくわからなくて、みなさんから教えていただくこともあると思っております。

最近、新潟の田んぼをまわって感じるのは、ヒエが増えたということです。二十数年前、私が新潟大学にきたときの田んぼとは風景が違ってきているなと思いました。九月に入ると雨が多く、絨毯のように稲が寝てしまっていました。この二つの風景が、今年の新潟農業のイメージです。

## 米の作況と県の対策

当初、八月段階での米の作況指数は一〇〇といっていたのですが、現在は九八といわれています。このままでいくと、現実には、その数字でさえピンときません。もっと少ないというのが、現場の実感で、実態的には、不作の年ではないかと思っています。たしかに、天候不順ではありましたが、最初のうちは、今年はまずまずの出来ではないかという、見立てがありました。昨年に比べれば、今年はそれなりにいいのではないかという期待感があったのだと思います。報道にあるように「まずまず順調に生育した模様」という状況でした。もっとも、「原因不明」の倒伏もあり、収量減少が心配な状況はそのころから指摘されていました。そして、蓋をあけたら、収量が去年よりも悪いといっている人の方が圧倒的に多いという状況です。そうして現れた、お米が足りないという問題は深刻です。短期的には需給バランスの問題でしょうが、根本では、より深刻な問題が少しずつ表面化してきているということも同時にみていかなければいけないのではないかと感じています。その不安を一言でいうと、生産力の後退です。農地集積や大規模農業の推進も大事ですが、新潟はある意味でその農政の優等生として「やりすぎ」てきた結果、少なくとも生産力の向上にはつながっていないのではないかと感じています。農業の現場に人がいなくなっている問題が背景にあるとすると、そうした生産力の低下はより深刻なのではないかと思われます。当然、気候変動を実感していますが、そのなかで、このままでいいのか。さらにいうと、「大本営発表」である作況指数という数字自体が、果たして実感を表すものなのかどうかということも提起したいと思っています。

新潟県では、品質低下の恐れから酷暑対策が必要になると考え、委員会をつくって、必要に応じて穂肥を撒くといった、いろいろな対策をたてました。毎年のように気候変動があり、状況が不安定化すると、平年作的な比較するものがなく、対策がうまく機能したのかがわかりづらくなります。そうしたこと自体も危機的な状況で、対策の効果が検証しきれないまま、今度は、たとえば倒伏といった、次の課題が出てきます。結局、付け焼刃的に後付けで、いろいろな対策をしなければなりません。そうして、きちんとした本格的な対策が確立できないこと自体が非常に心配です。

新潟大学では、暑さに強い米の品種「新潟大コシヒカリ」を開発していますが、そうした新品種の開発も大事です。たまたま、今年の気温の経過が暑さに強いといわれていた品種「新之助」に合致していたことから、そうした品種にぐっとシフトしていくと、急な気候変動に遭ったとき、逆に大きなダメージを受けてしまいます。暑さに強い品種を使えばすべてがよくなるというような単純化された議論ばかりがされる恐れがあります。不安定化していく気候のなかで、指導のあり方がより大事になってきています。さらに、供給がかなり不安定化することを前提に、流通・保管の部分をもう一度考え直すことが、米の世界で今重要になってきているのではないかというのが、私の大きな問題意識です。

## 新潟県の高温対策——技術的対応のポイント

新潟県では、米が二年連続で不作ということがはっきりしてきました。そんななか、農協以外の集荷業者が、とにかく新潟の米が欲しいと、全県下で買い集めています。一方、農協の集荷は進んでいません。新潟は、年度の前半に、高値だからとすべて売ってしまって、なくなってもあとは知らん顔ということはできない産地です。通年販売、安定供給こそが、新潟の米産地ブランドをつくっていく、大きなポイントです。そう考えると、天候不順を含めた供給力の不安定化が、結局は、産地のブランド自体を崩していくことになります。そういう意味では、ここを乗り切って、全国に最後までしっかり安定供給ができれば、さすが新潟たいしたものといわれるチャンスの年でもあります。しかし、足元の生産力も含めて、さて、その力があるのかが問われる状況です。

担い手不足をスマート農業が補えるかということが議論になると思います。現在、担い手農家が精一杯頑張って農地を引き受けて、限界以上に農地が集まりすぎています。その結果、対応しきれない、管理が行き届かない、という状況が現れています。水田に、きちんと除草剤も撒けないという大変な状況があり、各地でそんな悩みがあります。

省力化のための技術は大事で、担い手農家はそこに求める部分は多いと思っていて、そこは大事にしたいというのが私の立場です。そうはいっても、大規模な農業を展開すれば、それで生産力的に安定するかというと、大規模層では収量がかえって伸びなくなることが統計でも見えはじめています。一五〜二〇㌶くらいのところが、機械一式で回していける最適規模だと思っていますが、それを超えると、基本的には、収量的にはむしろ落ちてきます。多収性の品種も含めて、品種のバラエティはそれなりにあるのでしょうが、それでも、作業別労働時間をみると、畦畔も含めたいわゆる日常の水田管理は行き届きません。小さい農家や大学の農場であれば、丁寧にヒエをとることも徹底的にできますが、大規模になれば、そのゆとりがなくなります。五〇㌶以上のところでは、管理作業に一〇㌃当たり一・二時間の範囲内でできるようにしなければなりません。天候不順や倒伏があると、一気に作業が遅れてしまい、大きなダメージになって、収量や品質に影響するというふうに、生産力の弱まりが発生します。さらに、大規模になればなるほど、スマート農業も含めて、機械投資が過剰になりやすく、機械化貧乏は昔と変わらず止まりません。そんななかで、さてどうしたものかと悩み始めています。

## 【山崎報告】
## 最近の新潟県産米の状況と生産者への支援

私は新潟に来てまだ三年目で、最近ようやく、生産者と交流ができ始めた程度なので、新潟のことについてはほとんど素人のような教員です。専門は、稲を使った遺伝・育種ですが、作物研究室で、作物学や栽培学も担当しており、新潟大学農学部付属新通農場（水田二ヘクタール）の稲作部門の責任者でもあります。新通農場は大学から二キロくらい離れたところの、海岸砂丘の低湿地にありますが、ここでは収量や品質を中心にお話しようと思います。

## 高温被害の状況

すでに話にでたように、二〇二三年の新潟県の作況指数は九五で、鳥取県とともにワーストワン・タイでした。令和五年産のコシヒカリの一等米比率がわずか四・七％、うるち米全体で一四・八％でした。例年の一等米比率は、コシヒカリ七五％、うるち米全体で七四％ですので、新潟県の水田の約三分の二で栽培されているコシヒカリに引きずられたかたちになったと思われます。もっとも、何もしなかったわけではなくて、生産者はそれぞれ頑張りましたが、対策がよくわからなくて、どうしようもなかったという声がアンケートではあがっていました。二〇二四年は挽回すべく、いろいろな対策を頑張っていただきました。昨年に比べれば比較的気象はマイルドで、水も比較的足りたのですが、田植え後の五月下旬から六月上旬にひどい低温寡照があり、それが大きく影響していることがわかっています。もうひとつの不作原因は、八月下旬、とくに中越（長岡市）で、強い雨が降り、倒伏のために減収になったことがわかっています。

新潟県では、米が不作になると、研究会を立ち上げ、いろいろな対策を検討しています。過去、二〇一〇年と二〇一九年にも、高温による不作で研究会が立ち上がり、今回、私が座長を務めました。新潟にきて三年目で県から座長を命じられたわけです。研究会の報告書はすでにでていて、非常に膨大な資料ですので、かいつまんで紹介させていただきます。

二〇二三年には、いくつかの災害級の異常気象が観察され、米生産の高温対策が必要不可欠になったと報告書でいっています。二〇二三年八月一か月間の気象データをみると、新潟市と富山市が日本で一番暑かったということがわかります。平均気温が三〇・六℃で、例年は二六・五℃なので、例年よりプラス四・一℃です。今年の新潟市の高温は昨年に比べるとややマイルドで、二八・〇℃の平均気温でしたが、それでも平年比プラス一・五℃でしたので、今年も暑かったということがいえると思います。また、新潟県下はほんとうに雨が降らなくて、二〇二三年八月はわずか二ミリしか降っていません。日照りもすごく長く、全国で最長でした。その結果、一等米比率が大幅に下がり、一等米比率と出穂後二〇日間の平均気温の予測を三五年間のデータからみても、予測通りの非常に悪い数字です。海水温も全国で最も高く、フェーン現象が、夏に四回もあり、その結果、稲の呼吸量が多くなり、あらかじめ撒いておいた肥料を食い尽くしました。とくに窒素肥料が不足し、出穂前には、栄養不足が明確になったので、その状態で出穂させて実らせても、いい米はとれるわけありません。結果的に、白未熟粒が多発し、等級が低下して、収入が減っていきました。

新潟県試験場で、一等米、二等米、三等米、規格外と分けて食味検査をしたところ、規格外になると食味はだいぶ落ちますが、それ以外では味は変わらないという結果がでています。もっとも、食味に差はないのですが、精米業者は、等級が下がると割れやすくなるといっていて、白米の量が減って、白米収量が低下するといっています。

## 対策の提案

研究会では、短期的と中長期的な対策を示しました。とくに、二〇二四年に行うべき三つのことを提案しました。一つは、作期分散を含めた作付計画の見直しです。二番目には、後期栄養不足が明確になったことから、追肥をもう一回くらいやりましょうということ。そして水管理です。飽水管理を提案しましたが、これが非常に効果的でした。

このように、研究会では、二〇二四年も同じような気象状態になるかもしれないと考えて、いろいろな対策を考えましたが、新潟大学では、暑さに強い品種を開発することと、さらに生産者がすぐ実施できる栽培対策を検討しました。その一つは、肥料をもう一回追加することで、もう一つは、バイオシティムラントという高温に強くなる化学薬品の使用です。これら二つの対策も大切で、その効果で健全な稲をつくり、きれいな玄米をつくって、収入を増やしていきたいと考えています。

新潟大学の三ツ井敏明教授が開発した、新大コシヒカリという品種はコシヒカリより強い高温登熱耐性をもち、二〇二三年の栽培結果をみると、収量は少し落ちましたが、くず米率が低く、出来はいいと思われましたが、二等相当という判断でした。もっとも、対照区のコシヒカリは三等でした。ただ、三ツ井先生が退職された後、この品種をどう継続させていくか、そして種子の生産をどう支援するかも課題になっています。

私の実験田で、八月に三回目の穂肥をやったところ、一等となった米がありましたが、それは酒米でした（この品種「越淡麗」を使って、「新雪物語」というお酒をつくっています）。加えて、バイオスティムラントを併用する研究もやっています。確実な栽培対策を生産者に普及していきたいと考えています。

開発された新大コシヒカリは、高温耐性をもっていますが、それでも、暑くなって肥料不足になるとだめだということがわかりました。もちろん、もっと暑さに強い品種を開発すればいいという発想もあるでしょうが、肥培管理もしっかり行わないと、いくら暑さに強い品種でも品質が落ちてしまいます。

今年は、穂肥はすべてドローンで施用するようにしました。その結果、一等になりましたが、くず米率が非常に高く、結果的に収量が落ちてしまいました。その原因については、現在検討中です。出穂後の水管理については、水を貯めたままにすると、水温が高くなるので、給水して自然減させること（飽水管理）を繰り返します。そうすると、地温が十分下がります。この対策は、比較的簡単にできることもあり、多くの生産者の方が実施したようです。

## 対策を有効にするための必要な支援

これらの対策をしていくのに、どんな支援が考えられるでしょうか。まず、気象災害の保障としては、災害保険など農業保険への支援が考えられます。スマート機器などＩＣＴ機器の購入や利用への支援もあったらいいでしょう。とくに若手の農業者のなかには、ドローンを使いたいと思う人もいると思われるので、その購入や維持、免許取得への支援が考えられます。逆にシニアの人のために、ドローン作業の業者への委託費用支援もあるといいと思います。除草ロボット利用への支援や、有機栽培や無農薬栽培への支援や補償も必要になるでしょう。水管理についても、自動潅水システムへの支援が考えられ、肥料が高騰しているだけに、それへの支援や補償もあるといいと思います。

なお現在、高温登熟耐性の水稲品種の育種に懸命に取り組まれています。令和九年に系統が完成するようですが、実際に生産者の手元にくるのはその三年後ですから、早くて令和一二年ごろです。その種子の確保も必要です。

新潟大学では、気象変動対策の研究について、クラウドファンディングを募りました。お陰様で、目標を超えた金額をいただきました。引き続き研究活動を続けていきたいと思っています。

## 【伊藤追加報告】

### 新潟県の対策の方向性とは

今紹介されたように、新潟県では対策の議論をしてきていますし、新品種の開発も進めています。しかし、その体制は万全かというと、放っておくと、アリバイ工作的な側面がでてくることも否めません。対策をたてたらそれで終わりではなくて、その後、生産者や生産現場と一緒になって、対策をどう実行していくかが問われてきます。新潟県は、コシヒカリ一辺倒というリスクを避けるための取り組みをずっとやってきて、結果としてコシヒカリ比率を下げてきました。

しかし、今回、米価が以前の価格に戻ると、コシヒカリへの回帰というリスクが再び現れることにもなりかねません。そして、たとえば、すべてを高温耐性品種「新之助」にすればいいという単純化された議論に走るきらいもあります。そうした単純な対策ではなくて、いろいろな対策を組み合わせながら、地域ごとに丁寧にやっていく必要があります。生産現場と一体になって、進めていくことが一層大事な局面がきているのではないかと思っています。

### 現下の農業現場の悩み

新潟市の農業の担い手法人へのアンケート結果をみすと、多くの法人組織が、人が足りなくて、思うように作業ができないという悩みを抱えているようです。今後どのくらいまで規模拡大ができるかという問いに対しては、これ以上はしんどいという声が強くなってきています。担い手法人に、集落の仕事も担うというゆとりがなくなってきているなかで、農業の体制をどうつくっていくかということをあわせて考えていかないと、単なる技術論だけでは、気象変動を乗り越えられないのではないかと思われます。

　年齢の若い層では少しは規模拡大の余地があるとみています。また、一〇㌶以下の経営では規模拡大の余地がまだあるのではないかと考えられましたが、今後は園芸も拡大していく必要も感じていて、田んぼばかり増やしていく余地はそれほどないという感じです。もちろん、働き手がそれなりにいる経営体にはある程度の拡大余地がありますが、やはり高齢化と人手不足の問題が深刻です。

　新潟県の、とくに米農家の経営状況は赤字続きで、やっと、今年少し持ち直しました。一俵当たり二万二〇〇〇円くらいは必要で、そこに、ぎりぎり達しました。生産資材の価格が一二〇%になっていることから、一八〇〇円は米価を上げていかなければなりません。さらに、せめて最低賃並みにと考えれば、プラス一二〇〇円。あわせて、三〇〇〇円くらい米価が上がったとしても、これまでの低すぎた米価を取り戻すという意味では、さらにこの水準が一〇年続いてはじめて、いろいろな対策を考えるゆとりがでてくるでしょう。現在、新潟の米は全国的にみると安いほうになっているという、逆転現象が短期的にみられています。それだけに、去年にくらべると売れていっていますが、その価格水準では、農協が集荷できず、年度後半に新潟米の供給ができなくなると、今度は、ブランドを損なうというリスクがでてきます。

新潟県では、とにかく、売れる米づくりをという戦略のもと、長期計画で販売先としっかり結びついて、「売っていく分だけを作る」ことを中心に頑張ってきました。しかし、それだけに、いざというときには余裕がなくなります。売ろうとしても米がないという状況が、今回のような米不足につながっています。そう考えると、ゆとりのある在庫を、民間在庫としてももっておくことが大事ではないかと思います。もっとも、その在庫が売れ残って、過剰在庫となり、価格が下がってしまっては元も子もなくなるので、ジレンマを抱えているのが新潟の現状だと思っています。それを解消するには、生産サイドだけではどうにもならなくて、やはり政策の手助けが必要になります。先ほど山崎さんが、必要な政策支援について言及されましたが、そうしたさまざまな支援がないと、農家の米づくりへの意欲を維持できないのではないかと思います。そうした政策を再構築していく時期にきているのではないでしょうか。

（いとう　りょうじ）

（やまさき　まさのり）

〈質　疑〉

――　コシヒカリの新品種系統が令和九年にできるそうですが、どんな特徴をもっているのでしょうか。

**山崎**　一口でいうと、高温に強いコシヒカリの品種ができるそうです。私たちは、新潟県に情報を共有したらどうかと提案していますが、県が独自に育成している品種ですので、一切情報開示がされない状況です。品種開発に関する情報に関しては、われわれは共同研究をやりたいと思っていますが、県はそういう雰囲気ではないようです。

**伊藤**　先ほど触れた、三ツ井先生が開発した新大コシヒカリも、県はいい顔をしないようです。

――　高温対策では、品種の切り替え、水管理、追肥のほかには、どのようなことが検討されていますか。

**山崎**　今のところ、それくらいしか思いつきません。加えると、先ほどいった、バイオスティムラントという化学物質を利用することもあります。もし、何かほかにアイデアがあれば、教えてほしいくらいです。県の立場としては、対策として新たな資材を使っていきましょうという方針にはなっていなくて、あくまで私の研究として検討しているものです。

――　干ばつ、豪雨など、高温以外の気象変動の想定とそれへの対策はありますか。

**伊藤**　県に対策委員会が立ち上がったときは、論点を決めてから始めたのでしょうか。最初にこういう対策をしてくださいというかたち始まったのでしょうか。

**山崎**　過去三回の会議では、暑くて品質が落ちたので、その対策をというかたちで始まりました。ほかの気象変動では、たとえば干ばつになるとどうしようもありませんし、洪水もいまのところ起こっていません。もし、そうした現象が起きると、どうしようもないでしょう。やはり、現実的には、高温への対策ならできるだろうと考えられていて、実際に被害もあったので、その対策で研究会が立ち上がったということです。

**伊藤**　今年はこういう問題が発生したので、そういうことが起こったときにはどうするかを検討して、次に同じことが起きたらこうしてくださいという指導につなげるのが、普及現場を含めた、いままでやってきたやり方です。先回りして、こういう課題が今後持ち上がるだろうから、それに合わせて、今のうちから対策を立てていこうというゆとりは、今の県の体制のなかにはないと思います。

私なりに付け加えると、毎年のいろいろな対策や工夫もさることながら、生産の基盤になる土づくりの問題や作土層があまりにも薄すぎる、そういう意味の弱さが、ちょっとした気候変動で顕在化してしまいます。そうした根本的なところを何とかしようという議論はなかなかしづらいものです。しかしほんとうは、そこが一番深刻なのですが、放置されているのです。

――今日は、経済的な視点と作物栽培の視点という両面からという、貴重なお話でした。長期的な視点で、気候変動のリスクに関して、マルチステークホルダーで情報を出し合いながら、一緒に議論していくプラットホームのようなものが、先進的な新潟県にはあるのではないかという期待感もありました。今、他の地域と共同で取り組んでいこうという気運はないのでしょうか。

**伊藤**　新潟大学の気象学の専門家も巻き込んだ対策は若干でてきているようです。

**山崎**　気象学の専門家と組まないと、この分野の仕事は進まないと思っています。気象学の専門家は、三〇年後あるいは五〇年後といった予測をするので、たとえば五〇年後にはプラス何度と具体的に示していただくだけで、私たちは対策をたてることができます。今回の研究会のメンバーに入っていただいた気象学の本田先生は、私たちに、逐一、気象に関する情報を与えてくださいます。また、最近、気象台の人とも関係ができました。他県との交流については、県はなかなか取り組みたがりません。研究会の結果がでたとき、まず、県内の生産者に紹介するといったら、前例がないと断られました。それまで、研究会の報告に対する広報活動をしていなかったのです。そこで、新潟大学独自で広報をするつもりでしたが、いつのまにか、共同開催となった経緯があります。私自身は、他県の試験場から声がかかっていますので、技術交流はできています。今のところ、福井、富山から声がかかっています。

**伊藤**　この問題は、県の財政的な問題とも大きくかかわっていると思っています。また、主要農作物の種子法の廃止も、大きな影響を与えていて、予算が足りなくて、とくに試験場にゆとりがなくなっています。農業現場にもゆとりはありませんが、試験場体制にもゆとりをつくっていかないと、今後の大きな気候変動に対応できるような、先手を打つ体制は望むべくもありません。そこに大きな問題をはらんでいると思います。

――米以外、たとえば野菜などの作物への影響や対策にはどんなものがあるでしょうか。

**伊藤**　新潟県でも、米の一本足打法ではこれからは立ち行かないという強い問題意識をもっています。県も現場の農家もそうです。しかし、いまさら、周回遅れの園芸にどれほどの力を注いだら、既存産地に食い込んでいけるかというのが大きな課題です。土地改良事業の遅れているところで、それを進めながら、あわせて園芸振興を図っていくというのが、新潟県の今の重要な農業政策の方向になっています。ただ、他県に比べると、出遅れ感は否めなくて、新規の圃場整備をするときには、その面積の二割は園芸に切り替えるように誘導しているようです。ここ五年くらい、そうした方針を徹底してきていて、少しずつ広がってきています。しかし、枝豆やキャベツ、タマネギというふうに、特定の品目に偏って一気に振興していくと、かえって過剰を呼びかねません。販売先の確保を含めて、振興していかないと、苦しいでしょう。

**山崎**　新潟市では枝豆の生産が盛んですが、ここ二年間は、水不足と高温で収量が落ちているといいます。果樹も、暑すぎて収量が落ちていると聞いています。やはり、高温に強い品種がどの作目でも求められていますが、高温に対して強い新品種を作るには多くの時間がかかります。普通の品種をつくるより、二〜三年余計に時間がかかるという現状では、なかなかたいへんなことだと思っています。

――水田の生物多様性という面でみると、暑い夏の影響はどんなことでしょうか。飽水管理による生物への影響などについては、研究されていますか。

**伊藤**　佐渡の現場をみていて感じるのは、カエルなどの両生類に、ちょっとした環境変化のリスクが高いのかもしれません。夏場の高温は渇水とあわせてリスクになるし、冬場に雪が少なかったり、温度推移によっては、生物の生殖活動に影響することはあるでしょう。そこは、生態学でもかなり心配されています。また、飽水管理自体が、特定の生物に影響を与えることは、ないわけではないのでしょうが、種が絶滅するということはまだみられません。生態系自体の変動が、農業生産に何かの影響があるかどうかも、今後注視すべきでしょう。

**山崎**　毎日田んぼに入っていると、今年は水温がかなり高かったのがわかります。したがって、生態系は、何かしら変わっているかなと予想はしていますが、生産活動にはまだ大きな影響は与えていないと思います。もしかしたら、この二、三年で、生態系が大きく変わって、ある生物種がいなくなったと大騒ぎをすることがでてくるかもしれません。逆に、暑くなってよくなったことを一つだけ申し上げます。いもち病がほとんどでなくなったことです。新潟県はいもち病に対してものすごく敏感ですが、この二年間、いもち病はほとんどでていません。

**伊藤**　もっとも、いもち病が忘れられると、それ自体がリスクになるかもしれません。

――現状のなかで、農家自体が行える方策はありますか。

**山崎**　今後、暑さがくるのは間違いありません。理学部の気象学の先生からは、六か月予報で、気温だけでもみておくといい、といわれました。今年の六月～八月の気象庁の気温予想が、二〇二四年二月二〇日に公表されましたが、北陸地方は、高温である確率が六〇％とでています。結局、新潟市の八月は平年よりプラス一・五℃だったということを踏まえると、今年の六か月予報は大当たりということになります。そういう情報は活用したほうがいいでしょう。

――有機農業の場合、慣行栽培より稲が丈夫になると聞いたことがありますが、根の張り方などが違うのでしょうか。

**山崎**　有機栽培で根の張り方はたしかによくなります。根がしっかりしているので、穂のほうの暑さ対策を考えるといいでしょう。

県内の有機農家とはかなり深く付き合っているつもりですが、ここまで極端な気候だと、うまくいっている人ばかりではないのかもしれません。また、田んぼを貸す人が増えすぎて、かえって、有機農業をていねいにやっている時間がなくなっているところも見受けられます。佐渡で生態系保全を頑張ってきた生産組合が、有機農業をやっているゆとりがなくなっている様子もみられます。

――公表される作況指数と実態が乖離しているのではないかといわれましたが、調査も含めて、どこに問題があるとお考えでしょうか。

**伊藤**　この件については、山崎さんともいろいろ議論をしましたが、結局はよくわからないという結論でした。たとえば、コシヒカリだけをみた場合の作況指数というように数字を出してくれれば、現場の農家にとってよい判断材料になるのではないかと思います。現在、県内の二〇〇〇～三〇〇〇か所で坪刈による収量調査をしていると思います。そのポイントでの調査はきちんと行われているのでしょうが、農協の担当者に、作況九五でどうかと聞くと、実感では九一というように、ずれがあります。それは、現場の農家や関係者が特定の米を売る立場でみているからです。たとえば、新之助の出来が少しよくて、コシヒカリはまったくだめだという現場の感覚と、作況調査のサンプルの数の品種間のバランスの問題ではないでしょうか。農水省は、いろいろな品種を調べなければいけませんので、相対的には、コシヒカリのサンプル数が少し少なめになっていることが、このずれの一つの要因となっていることもあるかもしれません。篩目の問題もあって、一・七五ミリメートルで篩って、それで作況がよくても、実際にはもっと細かい篩目を使っているため数字にずれがでてくると、長い間、作況指数の現状とのずれの原因として説明されてきましたが、一、二年前から農水省も一・八五ミリメートルで篩うようになっているはずで、そこの部分は縮小しているはずです。それなのに、依然としてずれがあるのが謎です。そもそも、作況調査において、農水省が独自に行いますが、それはそれでいいところもあるのですが、たとえば大学や都道府県でも調べていますので、情報を共有して、精度をより上げていく工夫の余地はあると思っています。制度については、もう少し議論してもいいのではないでしょうか。

**山崎**　研究者としては、調査地点や対象品種など作況調査の生のデータをみてみたいと思っています。コシヒカリが意外とサンプル数が少ないことがあるのではないかと予想します。

――農地の引き受けが多くなって、なかなか余裕がなくなっているという現実のなかで、新潟県として、望ましい水田政策とはどのようなものとお考えですか。

**伊藤**　一口ではいえませんが、構造論からいうと、大規模な経営体を育てること自体は引き続き大事ではありますが、それだけになってしまうと、全体としてかえって弱くなってしまいます。大規模経営体が普通になってしまうと、長持ちしなくなります。むしろ、小さい経営体もそこそこ頑張れる条件を、市場の条件も含めてつくっていくことで、大規模経営体にも経営的なゆとりがでてきて、そこが先行投資も含めた推進エンジンになっていく、というのが好循環の根本的な考え方だととらえています。そういう意味で、担い手だけではない、多様な担い手についての議論がもう一回行われるといいのではないか思います。今回の基本法での言い方は玉虫色ですが、その玉虫色の中に多少の改善の余地を見出していきたいというのが、私の立場です。多様な担い手をどうつくっていくかについては、どんな手段があってもいいでしょう。今回、ある程度米価が回復したとして、それが消費者に負担感を与え、早く値段が元に戻ってほしい、政策は何をしているのかとなりかねません。そういうことにならないようにするためには、所得補償や価格保証を組み合わせても足りません。もう一つ必要な支援が考えられます。乱暴に言うと、五キロの米を買うときに、消費者に五〇〇円の補助をつけるくらいの構えがあればいい。ガソリンでは、そんなことを平気でやっているわけですので、同じことを米でやってくれれば、農家にとっては再生産可能な値段、消費者にとっては比較的買いやすい値段にして、その差額を政府が補填する。昔の食管法に戻すということではありませんが、そうした消費者への一定の支援をセットにしていけば、米の世界が安定していくのではないかと考えます。それにプラスして、価格や所得の補償をしていってもいいのではないか。とにかく、国内では安売りをどんどんして、国際的にどんどん売っていって、そこで、安売りの原資となる部分は所得補償、直接支払いで国が補償しましょうということに違和感はないのですが、もっといろいろなアイデアがあってもいいと思います。

——菌根菌を使った直播に関心をもつ生産者もいるようですが、新潟県での適不適はありますか。

**伊藤** 新潟ではほとんど広がっていないのが現状ですが、北海道の岩見沢あたりで動きがあるようです。個人的には、新潟でもできないわけではないとは思っていますが、適している、あるいは適していないというとき、土壌や気候として不適合なのかどうかの判断はまだできてはいません。そもそも、大規模な経営体になると、直播に一定のメリットがありますので、今後は考えていかなければいけないポイントの一つだろうと思います。

——六か月予報の精度が上がっているとすれば、たとえば田植えを前倒しするなど、暑い時期を避ける作物栽培方法の余地はないのでしょうか。

**山崎** 新潟県では、すでに試行しています。作期の分散という意味で、品種や田植えだけでなくあらゆる作業の時期の変更をすでに実行している農家もいます。

**伊藤** 米に関しては、田植えの時期を遅らせても、作物が追いついてしまうということもあり、その後のコントロールが意外に難しいものです。たとえば、今年のこの時期にこのくらい暑くなるとわかっていて、そのタイミングで植えようと思っても、それは作物のタイミングではなくて、農業者の農作業上のローテーションのなかで、この時期に植えざるをえない、ほんとうはこの時期に穂肥を撒きたいけど、それをやっていたら、ほかの作業ができないという問題もでてきます。作物の都合や天候にあわせてではなく、足りない人間のローテーションに合わせての作業をせざるをえないというところが、最終的には、収量や品質が落ちてしまう要因でしょう。そういう意味では、安定供給という面で非常に苦しんでいるという図式ではないでしょうか。

（二〇二四・一二・一二）

# 「令和5年地球温暖化影響調査レポート」について

農林水産省 農産局 農産政策部 農業環境対策課 地球温暖化対策推進班
天野 裕勉

## 1．温暖化のもたらす農業分野への影響

今年の夏（六～八月）も昨年同様に観測史上最も暑い夏になりました。日本の平均気温は、様々に変動しながら、一〇〇年当たり一・三五℃の割合で上昇し、一九九〇年以降、高温となる年が増えています。特に、ここ数年は、気温偏差の大きい年が頻発しています。

農林水産業は、気候変動の影響を受けやすい産業です。水稲の白未熟粒やりんごやみかんの着色不良、日焼け果の発生といった高温の影響による農産物の生育障害や品質低下、あるいは豪雨や大雨による大規模な災害の発生、栽培適地の変化、病害虫発生の増加や生息域の拡大などが予測されています。

令和五年の記録的な高温による水稲の品質の低下や、今年のおうとう（さくらんぼ）の「双子果」の発生は、大きくニュースに取り上げられ、記憶に新しいと思います。

高温による影響を軽減・防止する取組が適切に実施されない場合は、食料の安定供給の確保や農林水産業の発展、農山漁村の振興などが脅かされることから、農林水産省では、二〇一五年に農林水産分野における適応計画として「農林水産省気候変動適応計画」を定め、影響予測、技術開発、各種施策などを国と地方の連携を通じて推進しているところです。

## 2．令和五年地球温暖化影響調査レポート

「地球温暖化影響調査レポート」は、「農林水産省気候変動適応計画」に基づく取組の一環として、各都道府県の協力を得て、地球温暖化の影響と考えられる農業生産現場での高温障害や適応策などを取りまとめています。

令和六年九月に取りまとめた「令和五年地球温暖化影響調査レポート」から主な品目（水稲、りんご、トマト、きく、畜産）などの概要を紹介します。

### 水稲

水稲の高温による主な影響の発生状況は、夏の平均気温がかなり高かったため、米が白濁する「白

未熟粒」の発生が昨年より大きく、全国では作付面積の五割程度でみられました。
（注：影響割合は、作付面積（飼養頭羽数）に対し、発生による影響がみられたおおよその割合。以下同じ。）

水稲の品質低下要因は、白未熟粒だけではありませんが、令和五年産米の一等米比率にも表れており、全国で六〇・九％と低い値となりました。

高温による影響の発生状況は、他に「粒の充実不足」、「虫害の発生」、「胴割れ粒の発生」などによる影響がみられました。

水稲の適応策としては、「水管理の徹底」が最も多く取り組まれており、他にも「適期移植・適期収穫」、「肥培管理」、高温登熟障害に耐性のある「高温耐性品種の導入」などが行われています。

「高温耐性品種の導入」は、毎年増加しており、全国の主食用米作付面積に占める高温耐性品種の作付割合は一四・七％となり、三九府県で作付け報告がありました。

## りんご

主な影響の発生状況は、着色期から収穫期の高温により「着色不良・着色遅延」の発生による影響が全国で三割程度みられました。

また、冬期から春先の高温による成熟の早まり、その後低温により「凍霜害」などの影響がみられました。

適応策としては、着色不良・着色遅延抑制のために「着色優良品種の導入」、日焼け果発生軽減のため、「遮光資材の被覆」などが行われています。

### トマト

主な影響の発生状況は、高温により「着花・着果不良」の発生による影響が昨年より大きく、全国では四割程度でみられました。

また、高温又は強日射による裂果などの「不良果」、高温又は高温・少雨により「日焼け果」による影響がみられました。

適応策としては、昇温抑制、安定着果・生産などの対策として、「遮光、遮熱資材の活用」、「換気」、「かん水」、「細霧冷房」などが行われています。

なお、各種資材・設備の導入にはコストや労力がかかるほか、天候に応じた栽培管理の徹底が普及上の課題となっています。

### きく

主な影響の発生状況は、高温などにより「開花期の前進・遅延」、「奇形花の発生」、「生育不良」、「病害の発生」、「立ち枯れ」による影響がみられます。きくなどでは、お彼岸、お盆、年末などの需要期に安定出荷ができないと価格低下などの影響が発生します。

適応策としては、需要の高い時期に出荷するため、「開花期調整（日長操作）」や「高温耐性・高温開花性品種の導入」、「細霧冷房の活用」などが行われています。

## 畜産

畜産全般の主な影響の発生状況は、「家畜の斃死」が報告されています。

乳用牛では、高温により「乳量・乳成分の低下」、肉用牛、豚、肉用鶏では、「増体率の低下」、乳用牛、肉用牛、豚では、「繁殖成績の低下」の発生による影響がみられました。

畜産全般の適応策としては、畜舎の「送風・換気」が最も多く行われています。

また、「散水・スプリンクラー」、「細霧冷房・ミスト」などによる対策が行われています。

なお、導入に伴うコストが普及上の課題となっています。

## 新たな機会とする取組

温暖化のもたらす影響は、これまでの産地での栽培が難しくなる一方で、低温被害の減少による産地の拡大、これまで栽培できなかった亜熱帯・熱帯作物の施設栽培などが可能な地域が拡大するなど、プラスの機会と捉えることも適応策として大切です。２つの事例を紹介します。

北海道では、さつまいもは、これまで育てにくいとされてきましたが、農業試験場において栽培マニュアルが整理されるなどの取組が進み、栽培面積が増加しています。

広島県では、極早生みかんからレモンへ転換を推進しています。

昼夜の温度差が小さく、しかも夜温が高い場合に、みかんの着色が進みにくくなり、収穫・出荷時期の遅延と販売時期のズレが生じて、収益性が低下しています。そこで、果実の着色が問題とならないレモンへ転換し、生産量を大幅に拡大する取組が推進されています。

## 3. おわりに

これらの他、参考情報として、農業技術や農研機構の気候変動に関する取組、地球温暖化に関するＵＲＬ、温暖化のリスクをどう回避していくのか、その際のリスクマネジメントをどう行うのか、中長期的な考え方などを記した「農業生産における気候変動適応ガイド」も紹介しています。

気象条件や生育ステージの類似している品目の適応策などを参考にしていただき、温暖化に伴う影響を回避・軽減する一助になれば幸いです。

特別報告

# 気候変動・海洋生態系の変化と水産資源への著しい影響

一般社団法人生態系総合研究所 代表理事
小松　正之

今日のタイトルには、「著しい影響」とありますが、これまでの実際のデータをみると現況は悪影響というより、もう死ぬ寸前といっていいと思っています。政治家はいったい何をしているのか、役所は何をしているのか、という感じがします。水産政策審議会の会長が総理大臣になったこともあり、少しは期待したいところです。もっとも、ここまで凋落した水産業にとっては、少しぐらいの取り組みでは間に合わないとも思っています。

## 水産業改革への提言

一般に限らず水産業界にも、漁業者が減ったから魚が獲れていないという人がいます。しかし、漁業者を二倍、三倍にしたら、漁獲量は増えるのでしょうか。この間、高知県の四万十川に調査に行ったとき、ウナギが、昔は今の三〇倍獲れていたが、それは漁業者が減ったからだろうという自治体関係者もいました。おそらく、ご自身の経験からそうおっしゃったのでしょうが、基本的なデータに基づかない話を平気でいっています。基本的な情報提供がなされていないことが、大きな問題です。

水産業の改革のためには、資源管理の実施が一刻の猶予もありません。地球温暖化の水産資源への悪影響が言われています。しかし、ノルウェーでもアメリカでも地球温暖化の影響はあるのですが、ノルウェーの養殖ではこれを徹底して、海にどれだけの環境収容力があるかというデータに基づいて、それに応じた漁業生産量を決めています。日本でも、迅速かつ骨太に実行しなければならないのですが、先が見えないとやらないのが日本の役所です。今どうすればどうなるかというデータを持っていなければ将来目標も持てず、対策を実行できるはずはありません。アメリカはそれができるタイプの国で、実行してみてだめなら直していけばいい。改善し、情報をとりながら、前に進めていくことが大事です。行動すれば情報が入ってきて、そこにはいい情報も悪い情報もありますが、行動しなければ、何の情報も得られません。これをアダプティブ・マネジメントといいますが、一歩一歩、少しずつ変えながら進んでいくことが重要です。これは、何も地球温暖化対策や水産資源管理に限ったことではありません。

私たち生態系総合研究所では、一二～一三年前に水産業の改革のための委員会を立ち上げ、漁業権の廃止や割当制度の実施などを提言しましたが、当時は非常に反発を受けました。その後も、二次、三次と、その具体化を提言し、二〇二一年には、水産業改革員会を三回にわたって開催しました。そこで指摘した最も大きな問題は、漁協が役所ときちんとしたコミュニケーションをとらないことで、NGOや科学者の間でもコミュニケーションがとられていないことです。漁業者の意識もバラバラで、漁業者と漁協との間のコミュニケーションもきちんとしたものがありません。たとえば、補助金の申請をするにも、漁協が勝手に書類をつくって申請しているというような状況です。私たちは、漁協は廃止してもいい状況ではないかと考えています。政策も、資源管理といっても、その基準は一切提示していません。二言目には水温が上がったせいで、温暖化が原因であると言って、自分たちが資源管理を怠ったことは、棚上げしています。そして、どんな資源管理をしたのかも明示しないのです。また、水産庁も政治家も明確な将来展望を法制度として掲示せずに、魚が取れなくなり、あるいは養殖収入が減るので、ただお金をばらまいているだけです。日本のそうした政策は間違っているといえます。いずれにしても、コミュニケーションをきちんととって、情報を広く国民が共有できるようにすることが重要です。

## 世界の漁業生産

世界では、地球温暖化の影響があっても漁業生産量は増大していて、減少しているのは日本だけです。しかし状況はそう単純ではありません。二〇二二年の世界の漁業・養殖業生産量をみると、量的には、一位が中国で八八〇〇万トン、次いでインドネシア、インド、ベトナムと続きます。日本は三九一万トンですが、今ではさらに七〇万トンくらい減っているとみられます。もっとも、国家統制経済をしている中国の数字はあまりあてになりません。養殖についてみると、現在、二億三一〇〇万トンで、漁業・養殖業をあわせた全体の半分以上を占めています。養殖のうち、中国が過半数を占めており、インドネシアの養殖はほとんど海藻類で、シャンプーやアイスクリームの粘着剤として利用されています。

　このように、養殖が伸びる一方で、天然漁獲は一九九〇年代からほとんど伸びておらず、九〇〇〇万トン前後です。なお、このうちの中国の養殖の数字はおそらく過大だとみられていて、世界の漁業生産量は下がっているのではないかとみられています。ただ、ノルウェーやアメリカなど水温の上昇などの地球温暖化の影響があっても資源管理を成功させている国がありますので、増えている国もあります。なぜ日本だけが大幅に減少するのでしょうか。日本の置かれた海洋環境が特殊なのでしょうか。私はそうとは思えません。ＦＡＯの専門家によると、うまく地球温暖化の影響があっても資源管理を実行すれば、天然の漁獲は二〇〇〇万トンくらいは伸びるのではないかといっています。ただ、その二〇〇〇万トン伸びるのにどのくらいの期間がかかるのかは明確にしていません。

　日本の位置をみると、漁業・養殖業の合計で、一九八〇年代は世界で一番、養殖では二番目でした。今は漁業で八番目、養殖業では一四番目まで下がってきており、合わせると一二位です。

なぜ、日本の漁獲高が減ってしまったのか。温暖化の影響で海水温が上昇したためという声も聞きます。確かに黒潮の勢力が強く、寒冷な親潮が流れる三陸沖や北海道などに海水温の高い暖水域ができ、冷水を好むサンマやサケが沿岸に近づけないという現象も起きています。夏場に、三〇度から二五度の海水表層の厚さを調べると、以前は一〇メートル程度だったものが、今は三〇メートル以上にもなっています。もともと西日本が生息域だったタチウオやブリ、フグなどが北上しています。北海道のフグ漁獲高は、二〇一九年から全国トップです。

しかし、海水の温暖化だけでこれほど漁獲高が減るでしょうか。海水温の上昇よりも、長年の乱獲の影響がはるかに大きいと思います。産卵前の未成魚や脂乗りの少ない小型魚を獲って水産資源を無駄遣いしてしまう。魚の再生力を上回る乱獲が続いていたところへ、気候変動による海水温の上昇などの影響が加わりました。気候変動で漁獲高が減ったというのは、漁業関連者の言い訳に過ぎません。

気候変動は日本だけでなく、世界中で起きています。にもかかわらず、ノルウェーや米国など資源管理が徹底した国では、漁獲高が減るどころか増加しています。

世界の漁業資源は、過剰に漁獲される乱獲が約三〇％あるとされています。まだ資源に余裕があるとされているのは、ようやく資源管理が成功している国々がでてきて、若干上向きになってはいますが、だいたい一〇％くらいというところです。そうすると、世界の九〇％は、過剰に獲られているか、ぎりぎりの資源状態です。

漁業情報サービスセンターの上半期のデータによると、推定値で二〇二四年の日本の漁業生産量は三二四万トンです。二〇〇海里施行後の一九八四年、日本の二〇〇海里内の沖合ではイワシ、サバ、アジなどが獲れていました。そのときから、ちょうど四分の一に減ったことになります。これだけの漁獲減に、政策は何の対応もしませんでした。漁業法を二〇一八年に改正したとはいえ、漁業権を廃止したわけでもなく、ＩＴＱを即時に導入するのでもなく、さらには、漁協を廃止して、直接役所が資源管理をするという内容が政策として取り入れられたわけでもありません。養殖に民間の参入を完全に認めることにしたわけでもありません。現行の政策がこのまま継続されたら、恐ろしい状況になるでしょう。

## 日本の漁業生産

直近のデータはともかく、二〇二三年までのデータでは、遠洋漁業が二〇万二〇〇〇トン、沖合漁業（国内の巻き網漁業やトロール漁業で、沿岸漁業より少し大きい漁業）が一七七万トンです。問題は、沿岸漁業と海面養殖が伸びているかどうかです。沿岸漁業は二六六万トンあったものが八四万トンと、三分の一強になりましたし、海面漁業は一一一万トンで、ピーク時は一三〇万トンくらいでした。養殖も減っていて、そうした国は世界でも日本くらいしかありません。これを二〇〇海里の影響というのは難しく、減少部分をあわせると約七〇〇万トンが日本の二〇〇海里内で失われているということです。最近よく、サンマを外国の漁船に獲られてしまって日本国内で獲れなくなっていると騒いでいますが、それもせいぜい三万〜四万トンの話であって、失った七〇〇万トンに比べれば微々たる数量です。外国漁船の取り締まりを強化するより、もっと大きな問題である国内漁業の改革を進めることが重要で、そのためには資源管理をしない日本船を取り締まることが肝要です。多くの漁業取締船を抱えているにもかかわらず、外国船対策に使っているのが実情です。また、終戦直後には一〇七万人いた漁業労働力は、今では一二万九〇〇〇人となり、専業だけでみるとおそらく三万人を割っている可能性があると思います。さらに、水産物の輸入は、現在は二〇〇万トン強くらいですが、ピークには約四〇〇万トンあったので、こちらも半分以下に減ってしまいました。

つまり、日本国内で獲れる魚が四分の一に減って、輸入も半分に減ったわけです。そうすると、食べる魚がなくなるのですが、今の若い人たちは肉を食べているから、魚がなくなってもあまり気にしません。私は、スーパーで買っても、食堂や寿司屋にいっても、魚が美味しくないので食べる気がしません。養殖のほうが、脂が乗ってうまいなどといって、寿司屋で養殖のマグロを提供していることがありますが、天然とは脂の質が違っているのです。死んだ魚を食わせるのか、生きた魚を食わせるのかが問題です。しかし、供給される魚は二〇一一年に天然から養殖に逆転し、どんどん差が開いていきます。

それでは、これから日本の水産業は伸びていく余地があるのか。ＦＡＯ（国連食糧農業機関）では、それが凋落していく可能性があるとみています。畜産も同様で、今のままの畜肉生産を続けていると、環境や土地利用の面でさまざまな問題がでてくるとしています。研究者は牛のげっぷをどうするかばかりではなく、もっと本質的な問題を指摘するべきでしょう。

魚種別にみると、サケ（シロザケ）は、かつて三〇万トン弱あったものが今は六万トンです。今年の北海道や岩手県の状況をみると、さらにそれを下回っているようです。今後、五万トンから四万トンになっていく可能性が大きいでしょう。スルメイカは六六万八〇〇〇トンあったものが一万九八〇〇トンで、大好きなイカの塩辛などイカ加工品は生鮮に回った残りを使うので、最近はほとんど食べられません。昔はたくさんあった干スルメも、今ではほとんどみられなくなりました。漁業がだめになると、関連した加工業も衰退し、地域産業が衰退していくでしょう。スケソウダラは、かつて三〇〇万トンありました。二〇〇海里が施行され、しばらくたった一九八〇年くらいでも一五〇万トンあったものが、今ではその一〇分の一以下の一二万二九〇〇トンです。サバ類も一六〇万トンあったものが、二六万一〇〇〇トンで、イワシと同様に最近ではほとんど獲れなくなっています。今では、マサバよりゴマサバのほうが多くなっています。かつて六〇万トンくらいあったサンマは、それでも二〇一〇年にはまだ三五万トンくらいありましたが、今では二万五八〇〇トンに減少しました。

なお、韓国は、日韓併合前から日本の漁業法制度を導入していて、同じように台湾もそれを導入した国です。しかし、日本と韓国、台湾の漁業はそれぞれ別の道を歩むことになりました。スタート時は同じ漁業法制度を備えていましたが、変化に合わせて法制度を直してこなかった日本は、最も凋落が激しいのです。韓国は、養殖業の漁業権制度を基本的に事実上廃止しました。台湾は地形的に養殖業が発達しなかったので、沿岸域で資源にも恵まれなかったので、ほとんどの漁業が外洋に出ていき、柔軟に対応できた外洋漁業のため、漁業生産量はある程度維持できました。

日本と韓国の漁業を比較すると、一九八四年頃には日本のほうが、生産量が高く、約八倍の開きがありましたが、今では、日本の三〇〇万トンに対して、韓国は二〇〇万トンくらいですので、その開きは一・五倍に縮小しています。のり養殖、あわび養殖、かき養殖などは日本から学んだものですが、今では韓国が日本の倍くらいの生産量をあげています。日韓基本条約の頃、韓国はある程度、大きい養殖業は輸出向けにしようと、漁業権を事実上適用させず、漁業の許可制度と同じような制度を適用しました。漁協に漁業権の優先順位の一番を与えないというふうに制度を改正をして、養殖がどんどん伸びていきました。

## 北海道漁業の現状

北海道はどうかをみると、二〇〇海里直後でも三〇〇万トンの漁獲量があったのですが、それが、一時、八四万トンくらいまで落ち、現在では一〇〇万トンを少し超えたレベルです。それでも、一九九〇年頃から、少しずつ減少傾向であることには変わりません。ニシンは最近増えているといわれますが、漁獲量のピークは一九八七年〜八八年の六万トン強で、戦前には一〇〇万トン獲れていましたので、それから考えると、最低の二〇〇〇トンから回復したとはいえ、ピーク時の数％でしかありません。そうした状況の下でも、対策として、ＴＡＣ（漁獲可能量）制度、ＩＱ（個別割当）制度のような資源管理を導入しているのかというと、一向にその気配もありません。サケの漁獲は北海道で日本全体の七割を占め、スケソウダラの減少傾向も同様です。ホッケについては、最近、少し増えたといわれているものの、ピーク時や二〇〇〇年代に比べても、増えているうちには入らないでしょう。サンマも同じような状況で、ずいぶん落ちぶれてしまいました。函館のスルメイカはほとんど獲れなくなってしまい、地場産業に大きな影響を与えています。

コンブは日本の食生活に欠かせないものですが、かつては三万トン（乾燥重量）あったものが、今ではたかだか一万トンです。温暖化による海水温上昇の影響と採取する人がいなくなったことによります。この対策として、地域にはコンブの加工会社が多くあり、コンブ採取にもそうした会社を参入させればいいのではないかと思いますが、それへの反対意見には根強いものがあります。漁業者からしてみると、若い人を入れると競争相手が増えて収入が減ることを心配するのです。九州でのブリ養殖への新規参入についても、同じような障壁があります。制度を根本的に変えていかなければば、問題は解決しません。

そんななか、唯一漁獲が安定しているのがホタテです。しかし、ホタテ漁は単一魚種で漁場を占有していることから、一九九八年頃には台風の影響で漁獲量を大きく減少させましたが。やはり、いろいろな貝類や魚種とともに海域で育てていかないと、いつまでこの高水準の漁獲が続くのかという危惧はあります。

なお、サケの漁獲量が激減しているのは日本だけです。にもかかわらず、孵化放流事業を継続してきています。ふ化放流事業を継続すると、サケの遺伝子が近いものになってしまい、環境に淘汰されません。一方、自然産卵であれば、生き残った強い遺伝子が残っていきます。この事業を続けると、魚体の大きさが小さくなり、卵の数も少なくなり、卵は小型化し、卵膜が脆弱化します。遺伝子が多様化していれば、そのなかには、温暖化や環境変化に対応できる遺伝子が必ずでてくるでしょう。しかし、河川の改修などで、産卵場所が少なくなってきて、結局、定置網や捕獲網で遡上するサケを止めてしまいます。遡上する川の近くに住宅が建ち込むようになり、住民からは死んだサケが臭いというクレームがでるようになります。よく考えると、サケが死ぬことによって、栄養が陸に返ることになり、海と川と陸の循環を担っているのです。そうした教育がもっと必要でしょう。

また、サケの卵の加工にあたっては、一個当たりで補助金がでます。その品質が問われることはなく、劣性卵にもお金がつきます。その結果、ふ化しても生き残れない卵がでてきます。自然産卵に適した河川環境と自然産卵魚を増やすことは、息の長い取り組みですが、それにすぐに取り組まなければいけないのに、まったく動きません。ふ化場を潰すことだけでは根本対策にはならないのです。

アメリカ、ロシアと日本のサケの状況を比べると、日本のシロザケが増えた時期もあったものの、最近はロシア、アメリカも増えてきました。しかし、結果的に急激に減少したのは、日本でした。なぜ、日本のシロザケが減少して、アメリカ、ロシアは減少しないのか。その大きな要因は、サケが河川に還ってきたら、自然に遡上させそこで産卵させているからです。日本のシロザケは南方系なので温暖化に弱いということもありますが、それを勘案すれば、アメリカやロシア以上に、自然産卵に力をいれないといけないのです。

## 水産業改革への提言

そこで、私たちは、二〇二三年四月、水産業改革への提言を行いました。水産資源と海洋生態系は、今の民法では、無主物として早い者勝ちで獲れるとされています。この考え方は、かつてヨーロッパなど先進国が太平洋や大西洋の島などを領土とした根拠となったもので、「無主物先占」といいます。しかし今では、資源は有限だということが明らかなので、多くの先進国では、憲法や漁業法、そして政策のなかでも、国民共有の財産として法制化あるいは政策化しています。日本もそうするべきです。

とくに資源管理には、オブザーバーを導入することが必要です。最近、マグロの漁獲量が増えることが決まりましたが、誰がどれだけ獲ったかをオブザーバーを導入して監視しているかというと、そうではありません。水産庁も、数字は決めたものの、誰がどれだけ獲ったかはわかりません。そんなことをしていて、実効性があるのでしょうか。マグロが食べる餌の資源が激減しているのに、なぜマグロが増えるのか。科学委員会はマグロ資源のモデルから、資源量が直線的に伸びていくことを前提にしているようですが、餌資源の状況を考慮すれば、逆に右肩下がりになるのではないかと考えられます。その意味でも、現在の科学委員会のあり方には問題があり、やはりオブザーバー制度を導入して、きちんとデータをとったうえで、漁獲を拡大していって資源に支障があれば資源評価をやり直すことが必要です。

また、監視取締制度と漁業法上の罰則についても見直しが必要でしょう。日本の罰則は非常に弱く、資源管理に違反しても罰金三〇万円で済みます。マグロの場合、アメリカやヨーロッパでは、三〇〇〇万円くらいの罰金が科せられます。それだけの罰則があると、抑止力になりますが、日本ではそれがありません。

次の提言として、調査研究の充実があげられます。アメリカやノルウェー、アイスランドでは、予算の大部分が調査・研究やイノベーションにあてられていますが、日本はそれがなく、将来につながりません。そういう意味で、予算の使い方が非常に重要になってくるし、とくに資源を戻していくためのデータ収集を大事にしていかなければなりません。

## 漁業権のあり方改革

漁業権は日本独特の制度です。漁業の許可と権利の区別があるのは日本だけです。漁業権というのは、排他的・占有的な権利を、漁業協同組合に限って付与される権利のことで、それ以外は漁業の許可といっています。本来であれば、諸外国のように、すべて国が一括して、沿岸の漁業者に漁業の許可を与えればいいわけですが、日本では、一回漁協に与えます。そうしたのには二つの意味があって、一つは、漁業協同組合を地域の中核団体として育成するため、もう一つは、国がすべて行うのは面倒臭いので漁協にやらせたということです。法律ができた明治のころ、地方の末端まで水産庁の組織はつくれなかったので、漁協にやらせたというわけです。当時は、そうした処置に意味があったのかもしれません。

免許と許可がどう違うのかはよくわかりません。どちらも英語ではライセンスになりますが、「免許」は基本的には禁止されている行為を許すことです。免許は国からすべて漁協に与えられ、これを漁協が、ひとりひとりの漁業者に与えます。漁業権はそこの場所で漁業という営業をしていい権利ですから、これはその配分権を漁協に与えるわけで、農業でいえば、農協が一回農地を保有するようなものです。そうすると、漁協の権利は絶大なものになります。もっとも、法律が施行された当時は漁協が弱体化していたので、その権利をもとに産業中央金庫（当時）から資金を借りられるようにしたのです。そういう経済政策があったものの、それで健全な育成が行われたかというと、とくに戦後になってからは、権利をもった漁協が漁業者より強くなってしまいました。本来ならば、海や資源の状況をみて全体の配分をするべきであるにもかかわらず、そうならなかったのです。そうして、だんだん腐敗していきます。漁業権を漁協の組合員に配分していくので、新規参入はなくなりました。私たちの提言は、水産資源は国民の共有の財産だとして、誰にでも能力のある人にその利用を開放するべきだということです。それには大きな抵抗がありますが、それは直していかなければいけません。

私たちが求める漁業権の解放は、水産業改革では一番難しいところです。水産庁は、漁業権を一応改革したといっていますが、漁業協同組合のなかで組合員の優先順位が一番だったものをなくして、「適切かつ有効に営んでいる人に」与えると変えただけです。「適切かつ有効に」の意味がよくわかりませんし、その明確な基準もなく、基本的には、改革前と同じです。だから、とくに養殖では大規模事業者を参入させたほうがいいのに、新規参入はまったく進みません。

なお、漁業の許可については、大規模な漁業については、全体の数量を決めて、個別割当で行っていくべきです。

## 実効性のある資源管理のために

予算の使い方の問題でもあるのですが、お金をただばら撒くのではなく、ほんとうに資源管理を行っているところにお金を配るべきです。データを調べてそれを行うべきで、水産庁も変えたいとは思っているようですが、なかなかそうはなりません。補助金は七〇〇億円、水産予算は二〇〇〇億円もあります。もっと有効に活用されなければなりません。

罰金についてはもっと厳しくする必要があります。漁獲量の報告違反（一九三条、漁業者が報告違反）をした場合は三〇〇〇万円の罰金が科せられることになっていますが、アメリカでは船体没収です。つまり、漁獲をごまかした犯罪には最も重い罰則を与えるというのがその考え方です。日本での罰金三〇〇〇万円は、組合員以外の者が法律違反をした場合であって、漁協の組合員が違反した場合はほとんどこれが適用されません。こういう罰金の制度も直していかなければいけません。

## 資源循環と水域の環境

たとえば、鯨はいろいろなものを食べています。家畜が食べるエサは人間も食べられるものです。畜産物は工場的に生産して、糞尿は別のところにもっていって処理するのですが、鯨は、南氷洋でオキアミを餌にしていて、それは普通は人間が食べるものではありませんし、その糞尿は海洋の中で循環します。したがって、それを大切にして食べなければならないのです。

私は、最後の清流といわれている高知の四万十川で調査しています。この「最後の清流」という名称はあながち間違ってはいません。荒川や中川、最近きれいになったといわれる多摩川をみても、調査したかぎりでは汚れています。富士川も淀川も同じです。各地の川は蛇行しながら陸地を流れてきますが、流域の産地には伐採跡や林道の跡が目立ち、そうしたところからの土壌流入が汚染が進む原因の一つです。もう一つの原因がダムです。四万十川にはダムがないといわれていますが、実際には高さ一五メートルの佐賀関ダムがあります。調査してみると、底質がかなり汚くなっています。私たちはここで、溶存酸素や濁度（COD＝化学的酸素要求量＝に相当）、クロロフィルなどを測って、年々比較するという作業を地道にやってきました。

ちなみに、内水面漁業の漁獲量をみてみると、ピーク時には三五〇〇トンの漁獲があったものが、今はアユとウナギが少しはあるものの、ほとんどゼロです。四万十川支流の排水処理場でCODを調査したところ、年々悪化してきています。二〇二一年～二〇二四年までの調査では、一時は夏だけが悪かったのですが、今では冬も悪くなっています。四万十川に限らず河川の環境悪化の象徴として、ウナギやシラスの漁獲量はピークの三分の一に減ってしまいました。アオサノリもまったく採れなくなりました。そうした汚染の原因にひとつは、農業排水です。加えて、都市下水、工業排水、そしてアスファルト舗装により雨水などがまっすぐに降下していくので、ものすごい勢いで浄化されずに海に流れ込みます。また、ダムは、底にヘドロを貯めるので、どうしても貧酸素になっています。森林伐採も原因の一つです。やはり、環境改善のための明確な目標と具体的な行動計画を設定していかないといけません。

長良川の川底には汚濁堆積物が広がっていることがわかってきていて、東京湾以上に汚いところもみられます。とくに河口堰の付近は流れが澱むため、溶存酸素が少なくなります。たしかに堰自体が環境を悪化させていることは事実ですが、川が名古屋市内と岐阜市内を通って流れてくるので、そこでの対策もあわせて考えなければなりません。堰単独の対策だけでは、十分な答えはでないと考えられます。そうした調査結果を踏まえて、国交省や水資源機構も、今後は、環境への配慮がなくては事業を継続していけないということを明快に言うようになりました。きれいになったといわれる東京湾でも、お台場の溶存酸素が三二％ですが、江東区砂町の排水処理場付近では四・五％しかありません。荒川や旧中川も、CODに相当するFTU（濁度を表す単位）という指標をみると、本来きれいな水は〇・三なのに、その一〇〇〇倍の三〇〇という数値を示します。さらに埋立地の外側では、溶存酸素が〇・六％と、酸素がほとんどない状況です。なお、砂町の排水処理場から出る排水は塩素の臭いが強く、色もチョコレート色でした。一方、スウェーデンのバルト海に流れ込む排水処理場の水を処理したものはまったく透明でした。これは飲めるのかと視察した人が聞いていたくらいでした。

## 地球環境と水：省庁と部局を超えた対応が地球温暖化対策には必須

われわれは、水の問題が気候変動とともに重要だと考えています。水というのは、太陽からのエネルギーを保持し、物理的なエネルギーと栄養を伝達して、バクテリアとプランクトンを運び、流入する汚染物質も輸送する役目をもっています。水をきちんと循環させることによって、二酸化炭素の吸収にも役立ち、地球温暖化の問題の解決にも貢献すると考えています。私たちは国交省にも働きかけてきましたが、今では彼らも環境問題に対応して、熱伝導や物質伝導などにも配慮するようになっています。これまでの貯留型のダムから流水型ダムへの転換もその一環です。流水型ダムは、普段は水を貯めてはいませんが、水を貯めたときの生態系への影響を考慮します。たとえば、ダムをなくすと上流のほうまでニシンが遡上することがわかってきています。そうした検討をしていって、物質循環を高めることで、温暖化の影響が少しずつ軽減されるのではないかと考えています。

ダム建設など土木事業に関わる人たちは、生物、環境、社会、物理化学の理解が不足しています。たとえば防災対策一辺倒になってしまって、温暖化や気候変動への生態系のサービス力を活用した対応はしていません。むしろコンクリートを多用した防災は、氾濫原と湿地帯を遮断しかつ伏流水と地下水の行き場も失い、結果的に防災にもマイナスで、かつ、沿岸域の生態系と漁業資源と養殖施設には悪影響をもたらし、良かれと思って国土交通省や県の土木部署が行う、防災などの地球温暖化による豪雨対策が却って、温暖化による被害をこのように大きくしている可能性もあります。

また、洪水時に大量の雨水を河川と沿岸域に流してしまって、普段に陸上の地下水と伏流水として陸域に蓄えられるこれらの水資源は、いつでも常時一三℃から一八℃ですが、これらが夏の三〇℃まで上昇した沿岸域（瀬戸内海と三陸沿岸）の海面の流れ込むと海水温度を下げる効果もあるのに、このような機能を防災一辺倒で失い、地球温暖化を助長していることに気づきません。

農水省も、肥料の使い過ぎ、農薬の使用と、畜産物の排水が水と土壌を汚染して、これらの炭素と二酸化炭素の吸収分解力を低下させています。これは農業による地球温暖化の促進です。農業の専門家だけではなく、気候変動や経営問題、国際法にも通じていなければなりません。環境省も、地球温暖化対策で、風力や太陽光など新たな産業を振興するには、そうした産業に理解の深い人たちも採用していかなければならないのではないかと思います。

ところで大局的な人材育成に関してですが、日本の官庁は高卒と大卒を採用する傾向があって、博士号をもったスペシャリストを採用してそれぞれの問題に対応させてきませんでした。実務をこなすのに比較的優れている学士や高卒の人を雇ってしまい、結果的に、大局観をもった人たちがいなくなるということでしょう。そして、国際機関や大学院でトレーニングを積ませて、違った分野の問題への対応を経験させればいいのではないかと考えます。アメリカのホワイトハウス環境クオリティー委員会では、現在の地球温暖化問題の三割は、土地利用の改変、生態系サービスの活用によって解決できるとしています。たとえば、農地からの農業排水をそのまま川に流すのではなく、一度、湿地帯を通して流すことによって、環境への負荷を軽減できるといいます。そうすれば沿岸域の環境と漁業資源の状況も改善されると思います。そうした議論が、ネイチャーベース・ソリューションとして、日本でいえば国交省に相当する官庁はアーミーコープオブエンジニアリング（USACE）にさまざまな専門家が議論し、温暖化に対応する事業を行っていくのです。

FAOでも、漁業、林業、農業といった専門部局の人たちが、個々別々に行動しているのではなく、お互いに協力して、地球温暖化の問題解決に取り組んでいます。日本の農水省も、部局を超えた連携をしていかなければなりません。

## 地球温暖化を説明できる持続的会計規則が世界の主流：水産会社も対応を

なお、温暖化ガスの排出について、持続的会計をきちんと報告するようEUなどが求めてきています。こういうことに、日本もマルハニチロ、ニッスイと極洋などの国際水産会社も対応していかなければ、海外から原料の調達も困難となり、また、水産物製品を欧米に輸出することも困難になります。EUに製品等を輸出する企業などは、これに対応しなければならなくなります。たとえば、お茶の製造企業がEUで製品を販売する場合、茶栽培、農薬使用と水の調達からきちんとした温暖化対策や環境対策をしていることについての報告が求められるようになります。

これまで、農業、工業など近代産業は、それぞれ自分たちが負担すべきコストを支払わずに、環境に負担を与えてきたことで、地球環境を悪化させてきました。そうして二酸化炭素の吸収力や酸素の発出力を弱めていったことが、結局は温暖化を増長させ、長い目で見れば、水産資源の減少や農産物の生産力低下に結びついてしまっているということがいえるのではないかと考えます。われわれ人類は、もっと生態系を重視して、大局観をもったかたちで、とくに水と土地を大事にしながら、対応していくことが必要ではないかと思っています。

（こまつ　まさゆき）

## 〈質　疑〉

――養殖の餌料については、魚粉から植物性への転換も考えられているようですが、地球環境の面からはどう評価できますか。

**小松**　現在、日本の養殖での餌料はほとんど魚類由来のものです。原料となる魚類は人間も食べられるものなので、ＦＡＯでは、食べられる魚はなるべく人が直接食べましょうという方針です。大豆とトウモロコシの植物性たんぱく質もあきらかに畜産物生産では、人間が食べられるものを家畜の餌にしています。水産物養殖の餌料を、魚粉から大豆などの原料に転換しても、家畜の飼料投与と同じ状況になってしまいます。すぐにそれをやめろというわけにはいきませんが、ＦＡＯでも大きな問題だと考えていて、海藻類などを人工的に増殖しながら、それを餌料として利用するという方向に徐々に進んでいるようです。先進国での魚類養殖について、最近のＦＡＯの統計をみると、伸びているのは中国や発展途上国で、沿岸先進国での魚類養殖はすべて生産が減少しています。漁業生産も下降気味で、養殖も内水面以外の沿岸域では、海洋環境の汚染もあって、将来の見通しは難しいでしょう。排泄物の問題もあり、畜産業も水産業と同じような状況にあります。それをすぐになくせというわけにはいきませんが、人間が食べられる食料とどう折り合いをつけ、排泄物を削減することは、国際的にも大きな課題として考えられています。

―― 海水温や海流の変化から、日本近海では今まで獲れなかったような魚が獲れていると聞いています。そうした海の環境変化は国際的にはどうなのですか。

**小松**　温暖化は世界中で進んでいますが、とくに赤道付近での温暖化の進み方が激しく、極地でも影響が著しいといわれています。日本やノルウェー、アイスランド、アメリカの漁獲量をみると、とくに日本は漁獲量が激減していますが、アメリカは漁獲量が減少してはいません。ベーリングやアリューシャンでは資源管理上の漁獲制限をしていますので、今後伸びる可能性があります。ノルウェーとアイスランドは、漁獲量が安定して伸びています。したがって、温暖化に対して頑健な資源を管理でき、資源管理を徹底してやれば海水温上昇下でも漁獲は伸びる可能性があるということです。一方、日本の沿岸域は、河川を通じて汚染物質だけでなく生活排水、原発などの発電所からの温排水がたくさん流れ込み、もう破壊し尽くされています。しかし、アメリカやノルウェーなどでは、河川と沿岸に自然を生かしている部分が多く、水温の上昇が沿岸域で抑えられる可能性があります。たとえば、河川には、四季を通じてほぼ一三℃から一五℃の伏流水、河川水、地下水が流れ込みますが、私たちが調査してきた沿岸域の水温は、夏は三〇℃を超えます。それでも、河川水が継続的に入ってくれば、海水温をある程度下げてくれます。ところが、今の防災対策では、雨水を直行で海まで流してしまいます。昔は、蛇行しながら河川水がゆっくり流れていったので、その間にある程度冷えて、沿岸域を少しは冷やしていたと思われます。先に述べた通り、夏場の三〇℃から二五℃の海水表層の厚さは、以前の一〇メートル程度から、今は三〇メートル以上に拡大しています。このように、夏場の水が冷えないのは、水が大量の熱をもっているということです。大気が温まって、それが海を温めることもあります。本来、その水を冷やしていくものが、陸上からの河川水なので、それを継続的に流れ込むようにし、対流を起こさせることが重要です。とにかく、日本は堤防などが沿岸域に多すぎます。沿岸域にもっと湿地帯や藻場・干潟があれば、炭素を吸収し二酸化炭素を分解したり、酸素を供給したりでき、漁業生産にも効果があると思います。そうして、ノルウェー、アイスランド、カナダ、アメリカでは、漁獲量があまり減少していません。むしろ増加しています。資源管理が徹底していることももちろんあります。

――漁業者だけでなく、関係者が全体として取り組まねばならないということですね。

**小松**　私の言いたいことは、漁獲量がピーク時の一二〇〇万トンから三二四万トンに減少したのですが、減少した七〇〇万トンを日本の水産政策だけではとうてい回復させられないということです。日本の魚は、陸域と河川を通じた、海との関係で生かしてもらっています。その状況を悪化させているのは、沿岸域の荒廃、水の汚染、農業も含めた陸上からの汚染物質の流入です。水産業のあり方にも原因はありますが、日本全体として考えないと回復できません。そういう回復の道をたどることが、農業など他の産業にもよい影響を与えるでしょう。つまり、環境と生態系の改善対策に協力することが、自分たちの土壌と水を守り、農地活用の永続性・持続性につながっていくのです。たとえば現代の農業では雑草をすべて除いていますが、ある程度雑草をそのままにし、農薬を減らして、排水管理をうまくしていくことが、慣行農業から有機農業ないし自然栽培農業に転換することで川や海の環境改善につながっていきます。そうした大局的なことの実行は短期的な経済性を追い求める慣行農業の実践者には簡単ではありませんが、それでも対応をしていくことがとても必要なのです。そうしないと、日本の水産業も農業も回復しないと思います。

――やはり、官庁が大局的に率先して取り組まなければいけないのではないでしょうか。

**小松**　アメリカやヨーロッパでは、普通の市民も地方議員も中央の政治家も、ある目的に向かって、みんな一緒に動きますが、日本の場合は、どうしても中央集権の域を脱していません。とくにスウェーデンと比べると、地方自治体の力はとても弱い。現実的には、国交省、農水省、環境省、経済産業省が連携してやっていくべきでしょう。これらの官庁自身が、アメリカ並みに少しずつ専門性と包括的な取組みを個人と組織全体が専門職の多様化を図ることでやっていけばいい。私もそれに向けて、少しずつ取り組んできています。そうして、動いてきてはいるのですが、その動きは遅い。また、環境対策では実際の廃棄物処理や排水処理事業を行っている自治体の役割が大事なので、その強化と中央政府と地方自治体の役割改善していかなければならないでしょう。

――われわれひとりひとりが自分のこととして取り組んでいくことが必要だと思います。

**小松**　私も同感ですが、アメリカは、政治家も動き、同時に市民も動きます。

（二〇二四・一〇・一〇）

国際部報告

# 「山と生きる農業を支える〜スイス農業共同取材報告」

農政ジャーナリストの会国際部では、二〇二四年八月一四〜一八日に開催された国際農業ジャーナリスト連盟（ＩＦＡＪ）スイス大会に参加した会員メンバーらによる報告会を、一一月二〇日に開催した。今号では、報告会講師のうち、阮蔚氏と平澤氏より、スイスの畜産共同視察を中心とした報告内容につき、寄稿いただいた。

## スイスの耕畜連携と動物福祉

農林中金総合研究所 理事研究員　阮　蔚

私は、スイスの耕畜連携と動物福祉について報告を行いたい。

スイスの畜産では、一九九〇年代に大規模な改革が行われたことが特徴である。一九六〇〜一九八〇年代のスイスでは近隣の欧州諸国と同様に、集約的な畜産が推進され、その結果、土壌や水、空気等の環境汚染が拡大した。このような背景の中で、一九九二年に抜本的な農政転換が行われ、環境保全と多面的機能を重視する直接支払いの制度が導入された。この改革には、もちろんWTOの影響も関係している。

スイスの直接支払い制度では、一農場あたり年間九〇八万円（二〇二三年の平均レート：一フラン＝一五六・五七円で換算）という高額な支払いが行われていることは驚いた。この十分な支払いが農業の継続を可能にしている。直接支払いは政府の農業予算の八割以上を占めている。ただし、この直接支払いを受けるには、環境保全要件を遵守することが条件で、その重要な要素の二つに、肥料収支の均衡と動物福祉（アニマルウェルフェア）がある。

## 耕畜連携

スイスの農業生産額の約半分が、畜産である。六〇～八〇年代の間に、集約的な畜産が拡大し、糞尿が流出して地下水汚染やその他の環境汚染が広がった。そのため、九〇年代の改革以降、糞尿と施肥の均衡という点が特に重要視されている。例えば、農地一㌶に対して、牛三頭までといった形で、窒素・リンの発生量と作物の養分の要求量の均衡を維持している。畜産農家が、自らの農地で吸収できない糞尿（肥料分）は、近隣の農家や他の地域に提供しなくてはならない。

例えば、私が訪問した農家は、繁殖母豚八〇頭の飼養に対して、畑地を四二㌶持っていたが、うち施肥可能な農地は三九ヘクタールで、その面積ではリンの許容範囲を超える。このため、年間一二〇〇㎥の糞尿を近くの野菜農家に無償提供していた。

施肥の際は糞尿を地中に注入するか又は地面に近づけて散布し、アンモニアの空気中への排出を抑制しなくてはならない。さらに、土壌分析は一〇年ごとに必須とされており、土地の栄養バランスが定期的にチェックされている。

また、二〇一四年から、スイスでは糞尿等の譲渡記録と管理がオンライン化され、「ＨＯＤＵＦＬＵ」システムとして導入された。農場の肥料収支と合わせると、農家ごとの排出量と、肥料使用量、土壌の栄養バランス、どこからどこに糞尿やバイオマス発電の廃液等が供給されて活用されているか、といった情報を全て、政府が把握できるようになった。二〇二五年には、さらに効率的な情報管理システムの統一化のため、連邦政府の「ｄｉｊｉＦＬＵＸ」というシステムに統合される計画である。

## 動物福祉

次に、動物福祉、いわゆるアニマルウェルフェアの取り組みについて話をする。この分野では、動物が満たされるべき「五つの自由」という原則が基本となっている。具体的には、飢えや渇き、痛みや病気、恐怖やストレスからの自由、自然な行動を取る自由、不快な環境からの自由といった内容である。

スイスでは、この動物福祉の基準を守ることが直接支払いの条件となる。例えば、牛や豚の尾の切断は禁止されている。農場の豚にはしっぽがあり、感激した。とてもかわいい。中国や日本では今でも豚の断尾は一般的である。さらに、母豚の単独飼育も禁止である。

また、自然光を浴び、屋外で運動できる機会を、豚に与えることが義務づけられている。例えば、訪問した豚舎では、テラスのような形で、外気や自然光を十分に取り入れることができる場所を設置していた。実は豚は日焼けしやすいとのことで、テラスには黒い日除けネットをかけていた。また、動物が快適に過ごせるように、藁を提供することや、適切な飼育面積を確保することが求められている。

訪問した豚舎は開放的な設備で、私たち参加者が入室する場合にも特段隔離措置などの必要もなく、また近隣住民の散歩道も近いので、大変驚いた。中国や日本で様々な養豚場を回ったが、このごろは病気予防のためにほとんどは入室禁止である。日本や米国の狭い豚舎に比べると、スイスのように広大な敷地面積が確保されている場所では非常に臭いが少ない。

## 消費者の関与

最後に、会合で農民団体の副会長さんにお会いしたが、「消費者はすごいわがままなんですよ。

安心安全な食べ物に、安全安心な空気、そして同時に安いものが欲しい、となんでもかんでも要求してくる。」とコメントされていた。やはり、このようなスイスの環境保全や動物福祉などの取り組みは、全て、消費者の意識やＮＰＯ団体などの消費者団体の活動によって支えられていることを実感した。

## 中山間地域の酪農と農機の視察

農林中金総合研究所 理事研究員　平澤　明彦

ＩＦＡＪ２０２４年スイス大会の際に参加した現地視察（Ｃコース）の結果を報告する。今大会の視察は一日に限られたとはいえ、筆者らの場合は貸切バスで早朝から深夜までの充実した内容であった。訪問先は五か所、うち最初の一か所は薬品を使わない種子消毒、それ以外は中山間酪農に関するものであり、著名なチーズ（エメンタール、穴が開いているのが特徴）と牛（シンメンタール）の産地を含んでいる。ちなみにこれらの地名はエメ川／シンメ川の渓谷という意味である。

最初の目的地は首都ベルンから北東に一七キロほど、アルプスの手前にあるリザッハである。ここには農協連合会ＦＥＮＡＣＯグループ各社の専門家を集めたセンターがある。我々はそのうち種子供給企業ウファ・ザーメン（ＵＦＡ　Ｓａｍｅｎ）を訪問し、蒸気で種子を消毒する特殊な設備「テルモセム（TermoSem）」を見学した。農薬を使用しないので有機農業用の種子を消毒できる。スウェーデンの農協で開発され、スイスではここにしかないため国内各地の種子を受け入れて処理している。種子は建物の三階と二階にある装置を通って消毒され、一階に下りてくる。また、この施設の種子倉庫では、ある種の岩の粉を虫除けに使っている。積み上がった種子の袋を囲んで床に線を引くように粉を撒いてあり、芋虫がその上を歩くと傷ついて死ぬという。

　次に東へ一〇〇キロほど、アルプスに少し入ったアフォルテルン（標高八〇〇メートル、農業地帯区分は山岳Ⅰ）のエメンタール観光チーズ工場へ移動した。工場のチーズ製造室は天井がガラス張りになっており、二階の四辺からチーズ作りを見学できる。参加者のうち数名のカメラマンが製造室への立ち入りを許可されて写真と動画を撮影した。見学エリアには広いショーケースがあり、何十種類ものチーズを販売している。工場付属の歴史館で解説を聞いた後、食堂でエメンタールチーズとチーズ入り食品、チーズ料理の昼食をいただいた。チーズは熟度が四カ月から三〇カ月まで六種類あった。四カ月のものはクラシックと呼ばれており、エメンタールらしい弾力と風味がある。チーズでできたソーセージもあった。

　午後は五〇キロほど南下してアルプス内のシンメンタールへ向かった。谷底は幅が広く平地から続く道路沿いに集落がある。谷底から谷の両側は山の中腹まで牧草地となっており、山の上には木と岩がある。山岳酪農によってこの景観が維持されている。農業地帯区分は谷底が山岳Ⅲ、中腹が山岳Ⅳ（最も条件不利）である。

まず標高九〇〇メートル弱の農家で山岳用農業機械十数機種のデモがあった。傾斜地に対応した草刈機、集草機、運搬車である。山国らしく地元スイスやオーストリアの製品が充実している。家族経営の小さなメーカーもあるという。安全な農家の庭先で一台ずつ順番に紹介する形式であったため、間近に観察できた。いずれも車体が低く小さめで、前後輪四つずつの八輪車である。車輪がそれぞれ地形に合わせて別々に傾く機種や、車体が傾いても操縦座席は傾かない機種もあった。実際に傾斜した草地で稼働するところも見ることができればなお良かったであろう。

そしてさらに高度を上げて高台にあるシンメンタール牛の放牧地へ向かった。木や森が点在する草地の景観は美しい。シンメンタール牛は古い大型の乳肉兼用種であり世界各地で飼養されるほか、欧州の有名な品種の元にもなっている。ここで放牧されている牛はねじれ返った立派な角を持っており、除角された個体は見当たらなかった。牛達は大人しく、農場主やそのご子息は牛の背を軽くたたいたり頬をさすったりしており、我々視察団も特に制限なく牛に近づくことが許された。先ほど見た傾斜地用運搬車も放牧地に上ってきた。帰り際に牛達が急斜面を真っすぐにかつ素早く駆け下りてきたのには驚かされた。

最後は一つ南のディームティクタールから山に上がり、八合目（標高一七〇〇メートル）にある夏季チーズ工房を訪問した。伝統的な山小屋の趣である。この一帯は通常の農地とは異なり、上記の地帯区分から外れた夏季山岳放牧地である。牛の群れが広大な斜面の上から下まで斜め横一列になり、草を食べながら整然と前進していた。牛達はかなり離れた向かいの斜面にいたが、それでも首に下げたカウベルの音がカランカランと鳴り響き牛がいることは常に分かった。この施設では夏季はチーズを作っているが、それ以外の季節に仕事が無いため後継ぎがまだ決まらないという。ここで夕食をいただき、ゆでたジャガイモに熱して溶かしたチーズを乗せた料理を食べながら外国の記者と意見交換した後、帰路についた。バスの車中では丸一日隣席に乗り合わせた北欧のカメラマンと馴染みになった。

以上、少しでも視察の様子をお感じ頂けただろうか。筆者はIFAJ大会初参加であるが、草地酪農の現場を効率よく見て回ることができて有意義であった。事前に資料が配布され、当日の解説も充実していた。また、現地視察以外も含めたスイス出張の成果は、既に寄稿記事やレポートの執筆など筆者の情報発信につながっている。

なお、スイスは中山間地域の割合が高いうえ、畑作物の適地は限られているため草地を利用した畜産、とくに酪農が盛んであるが、地形や気候の制約から生産条件は厳しい。こうした酪農は、各種の直接支払い（条件不利地域、傾斜・急傾斜地、夏季山岳放牧など）やチーズ用原料乳助成（サイレージ飼料を使わない草地酪農は助成単価が高い）によって所得の大部分が支えられていることを付記しておきたい。

## 編集後記

▽…日本総合研究所が昨年暮れに、子供のいない独居の高齢男性が二〇五〇年には五〇〇万人を超えるだろうと発表した。こうした背景には男性の生涯未婚率（五〇歳時点での未婚率）の高まりによると分析する。二〇二〇年でも二八％とほぼ三分の一だ。このことは孤独死の発生が日常的になることでもある。そしてこの状態はおそらく都市の方が深刻であろう。地方は近所との交流が希薄になったとはいえまだ残っているからだ。このような状況は統計的予測をしなくても地方自治体や関係機関は分かっていることではないだろうか。にも拘らず、対応マニュアルを準備している自治体は一割に留まっている。今後、事態の対応に追われることによる事務量は膨大になってくる。

▽…予想されていたにも拘わらず対策が十分行われてこなかったことは、例えば地震対策、中山間地対策、原発事故対策、地球温暖化対策等々がある。特に、地球温暖化の問題は学者や国連が訴えているにも拘わらず、取組の姿勢が弱い。戦争なぞやっている場合ではないと思うのだが、世界のリーダーは経済、領土、地位が大事らしい。どこかおかしくないですか？　（＠）


日本農業の動き　No.225

気候変動と農業の危機

定価は裏表紙に表示してあります（送料は実費）。

二〇二五年二月一七日発行©

発行　農政ジャーナリストの会

編集　会長　日向志郎

〒100-6826　東京都千代田区大手町一の三の一（JAビル）

電話（03）六二六九-九七七二

FAX（03）六二六九-九七七三

販売　一般社団法人　農山漁村文化協会

〒335-0022　埼玉県戸田市上戸田二-二-二

電話　〇四八-二三三-九三五一

URL：https://www.ruralnet.or.jp/

振替　〇〇一二〇-三-一四四四七八

購読のお申込みは近くの書店か、直接発行・発売元へご連絡下さい。バックナンバーもご利用下さい。

PRINTED IN JAPAN 2025

ISBN978-4-540-24063-8　C0061

だけその国で生産する』。この考え方を「国消国産(こくしょうこくさん)」といいます。
これは、私たちの何気ない日常を彩り、生活を支えてくれる豊かな「食」を明日へつないでいくために、一人ひとりがきちんと向き合い、考えなくてはいけない重要なテーマだと、JAグループは考えています。

日本の食料自給率は依然として過去最低水準です。
もし、世界的な気候変動や人口増加による食料不足で、様々な国が輸出を制限してしまったら、私たちの食生活はどうなってしまうでしょう。日本の農業は、担い手の高齢化・減少が進み、耕されず荒れてしまった農地が増えています。農畜産物は短期間で生産を増やすことが難しく、一度荒れた農地を再び生産できる状態に戻すには、長い時間と大変な労力が必要です。
さらに、農業・農村には、洪水等の災害から街を守り、多様な生き物の住み家になるなど、食べ物を生み出すほかに多くの役割がありますが、これらの役割を維持することも難しくなってきています。

このように、いま、日本の食・農は多くの課題に直面しています。その課題を解決するためにも、「国消国産」はとても大切な考え方です。

JAグループは、皆さんの豊かな食生活を、そして、日本の農業を、持続可能でより良いものとするため、「国消国産」に取り組みます。皆さんも一緒に、国産の農畜産物を食べて・飲んで・応援して、大切な日本の食・農を、未来へつなぎませんか。

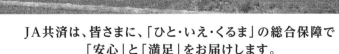

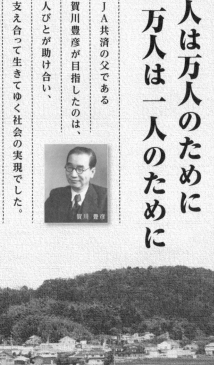